大数据技术导论

陈 明 主编

国家开放大学出版社 · 北京

图书在版编目（CIP）数据

大数据技术导论／陈明主编．—北京：国家开放
大学出版社，2019.1
ISBN 978－7－304－09581－9

Ⅰ.①大…　Ⅱ.①陈…　Ⅲ.①数据处理－开放教育－
教材　Ⅳ.①TP274

中国版本图书馆 CIP 数据核字（2018）第 296194 号

大数据技术导论
DASHUJU JISHU DAOLUN
陈　明　主编

出版·发行： 国家开放大学出版社
电话： 营销中心 010－68180820　　　　总编室 010－68182524
网址： http://www.crtvup.com.cn
地址： 北京市海淀区西四环中路 45 号　　　**邮编：** 100039
经销： 新华书店北京发行所

策划编辑： 邹伯夏　　　　　　　　　**版式设计：** 李　响
责任编辑： 张子翱　　　　　　　　　**责任校对：** 宋亦芳
责任印制： 赵连生

印刷： 廊坊十环印刷有限公司
版本： 2019 年 1 月第 1 版　　　　　2019 年 1 月第 1 次印刷
开本： 787mm×1092mm　1/16　　　**印张：** 13　　**字数：** 287 千字

书号： ISBN 978－7－304－09581－9
定价： 27.00 元

前　言

大数据技术是指从数据获取开始，经过存储、抽取、清洗、去噪、标准化、约简、集成、挖掘、分析与结果解释，进而获得有价值信息的全过程所用到的技术，其中通过数据挖掘和分析，获取具有重要价值的信息是大数据技术的精髓。

大数据技术是现代科学与技术发展，尤其是计算机科学技术发展的重要成果和结晶。大数据的出现对计算机许多领域提出了挑战，产生了冲击，推动了计算机科学技术的发展。大数据技术与应用大数据成为继 20 世纪末、21 世纪初互联网蓬勃发展以来又一个新的里程碑，展现出锐不可当的强大生命力，科学界与企业界对其寄予无比的厚望。

大数据技术凝集了多学科的研究成果，是一门多学科的交叉融合技术，是计算机科学、统计学和应用领域业务知识与技能的交集。随着科学技术的发展，大数据技术的发展更为迅速，应用更为深入与广泛，并突显其巨大潜力和应用价值。

本书系统地介绍了大数据技术的核心内容，全书共 8 章，内容说明如下。

第 1 章为概述，主要包括数据科学概述、大数据的生态环境与概念、大数据处理周期、大数据处理模式和大数据应用。第 2 章为基于 Hadoop 平台的大数据处理，主要包括 MapReduce 分布编程模型、基于 Hadoop 的分布计算、MapReduce 程序设计分析、Hadoop 环境部署与程序运行。第 3 章为大数据获取与存储管理，主要包括大数据获取、领域数据、网站数据、网络爬虫和大数据的存储管理技术。第 4 章为大数据抽取与清洗技术，主要包括大数据抽取概述、增量数据抽取技术、数据质量与数据清洗、不完整数据清洗、异常数据清洗、重复数据清洗、文本清洗和基于 Hadoop 平台的大数据去重。第 5 章为大数据去噪与标准化，主要包括简单的数据转换、数据平滑法和数据规范化。第 6 章为大数据约简与集成技术，主要包括数据约简概述、数据约简策略、数据集成技术概述、数据迁移和数据集成模式。第 7 章为大数据分析与挖掘技术，主要包括大数据分析概述、相关分析、回归分析、判别分析、分类和聚类。第 8 章为大数据分析结果的解释与可视化展现，主要包括数据分析结果的解释、数据的基本展现方式、大数据可视化和大数据可视分析。

本书结构为积木状，每章开头都配有知识结构图，层次分明，正文内容做到了图文并茂，每章结尾配有习题。全书还包含了 5 个实验，实用性强，难度适中，便于读者自由选择，对自学也很有帮助。

本书由中国石油大学（北京）博士生导师陈明教授主编，国家开放大学袁薇副教授参与了第 3 章和第 8 章内容的编写，在此感谢北京石油化工学院张晓明教授、首都经济贸易大学阮敬教授、北京清数教育科技有限公司总经理汪德诚为本书的整体安排和内容选择提出的修改建议。国家开放大学出版社邹伯夏、张子翱为本书的出版投入了很大精力，在此表示感谢。由于作者水平有限，书中不足之处在所难免，敬请读者批评指正。

陈明

2018. 10

目 录

第1章　概述

知识结构图

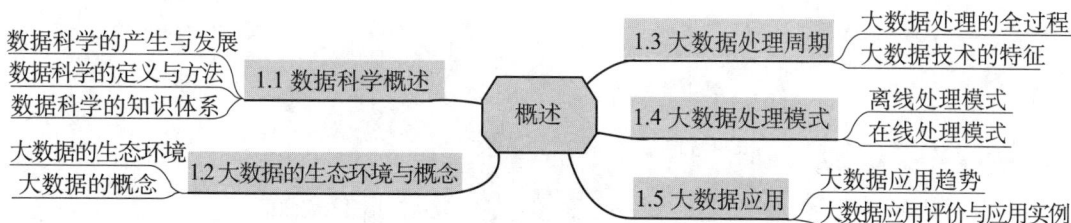

学习目标

- 掌握：大数据的概念、大数据处理周期。
- 理解：数据科学、大数据的生态环境。
- 了解：科学研究范式、大数据的应用。

1.1　数据科学概述

计算机科学是算法与算法变换的科学，而数据科学包括的范围更为广泛。数据科学是通过科学方法探索数据，以获得有价值的发现。数据科学的发展不仅可以推动数学、计算机科学、人工智能、统计学、天体信息学、生物信息学、计算社会学等学科的发展，而且能够大力助推相关产业的发展与进步。

1.1.1　数据科学的产生与发展

数据科学出现在 20 世纪 60 年代。1974 年，著名计算机科学家、图灵奖获得者彼得·诺尔在其出版的《计算机方法的简明调查》中将数据科学定义为"处理数据的科学"，进而建立了数据与其代表事物的关系。2001 年，统计学教授威廉·克利夫兰发表了《数据科学：拓展统计学的技术领域的行动计划》，首次将数据科学看作一个单独的学科，并把数据科学定义为统计学的一个重要研究方向，数据科学再度受到统计学领域的关注，奠定了数据科学的理论基础。

2013 年，Mattmann C. A. 和 Dhar V. 在《自然》和《美国计算机学会通讯》上分别发表题为《计算——数据科学的愿景》和《数据科学与预测》的论文，从计算机科学与技术的角度介绍了数据科学的内涵，并将数据科学归入计算机科学与技术学科的研究范畴。

1.1.2　数据科学的定义与方法

数据科学的维恩图如图 1-1 所示，可以看出，数据科学是多种学科知识领域的交集，突显了交叉型学科的特点。数据科学家需要具备计算机科学、统计学的知识和应用领域的行业经验。

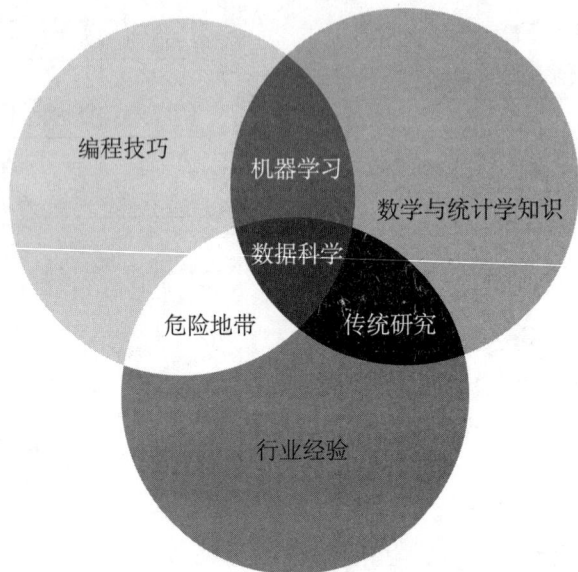

图 1-1　数据科学的维恩图

我们可将数据科学进一步细化为 12 个主要领域，如图 1-2 所示。其主要包括统计学、算法、数据挖掘、机器学习、过程挖掘、预分析、数据库、分布式系统、可视化与可视分析、商务模式与市场学、行为与社会科学、隐私安全与法律等。

下面简要介绍 Cyber 空间、数据爆炸、数据科学的定义和利用科学的方法研究数据等内容。

1. Cyber 空间

Cyber 空间意译为异次元空间、多维信息空间、计算机空间、网络空间等，是一种用于知识交流的虚拟空间。其本意是指以计算机技术、现代通信网络技术、虚拟现实技术等信息技术的综合运用为基础，以知识和信息为内容的新型空间，是一个人工世界。信息化是将现实世界中的事物和现象以数据的形式存储到 Cyber 空间中，是一个数据生产的过程。数据是自然和生命的一种表示形式，记录了人类的行为，包括工作、生活和社会的发展。

2. 数据爆炸

我们将快速大量产生的数据存储在 Cyber 空间中的现象称为数据爆炸，数据爆炸在 Cyber 空间中形成数据自然界。数据在 Cyber 空间中唯一存在，需要研究和探索 Cyber 空间

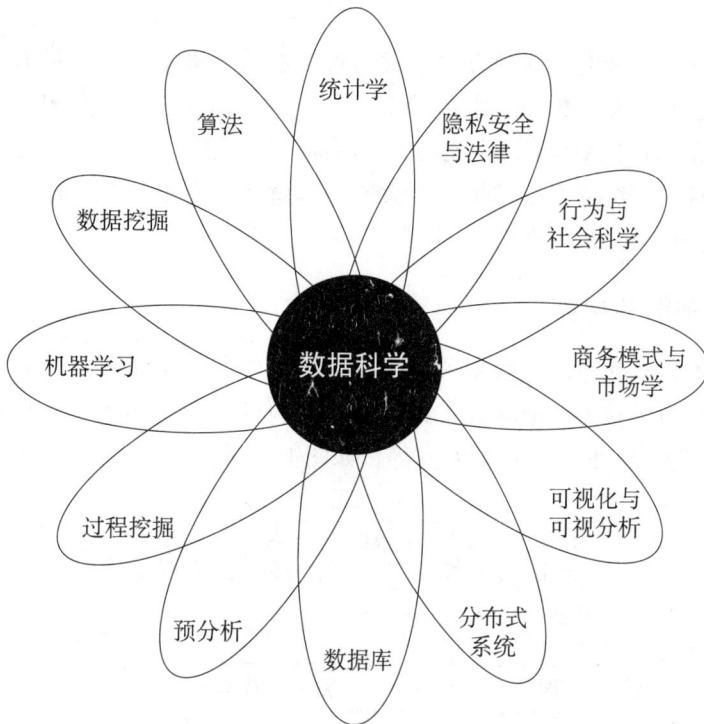

图 1 - 2　数据科学的主要领域

中数据的规律和现象。此外，探索 Cyber 空间中数据的规律和现象是探索宇宙的规律、探索生命的规律、寻找人类行为的规律、寻找社会发展的规律的一种重要手段。

3. 数据科学的定义

数据科学是关于数据的科学或者研究数据的科学，用来研究 Cyber 空间中数据界奥秘的理论、方法和技术，其研究的对象是数据界中的数据。它的研究过程是从数据自然界中获得一个数据集，然后对该数据集进行勘探，发现其整体特性随即进行数据研究分析（如使用数据挖掘技术）或者进行数据实验，最后发现数据规律。与自然科学和社会科学不同，数据科学的研究对象是 Cyber 空间的数据，是新的科学。数据科学主要包括两个方面：一方面是研究数据本身，研究数据的各种类型、状态、属性及变化形式和变化规律；另一方面是为自然科学和社会科学研究提供一种新的方法，称为科学研究的数据方法，其目的在于揭示自然界和人类行为的现象和规律。也就是说，用数据的方法研究科学和用科学的方法研究数据，研究数据本身包括生物信息学、天体信息学、数字地球等领域；科学研究的数据方法包括统计学、机器学习、数据挖掘、数据库等领域。这些学科都是数据科学的重要组成部分，只有把它们有机地整合在一起，才能形成整个数据科学的全貌。

4. 利用科学的方法研究数据

利用科学的方法研究数据主要包括数据采集、数据存储和数据分析。数据分析是中心问题，在数据量很大的情况下，算法尤为重要。从算法选择的角度来看，处理大数据主要有下述两种方法。

（1）降低算法的复杂度。这种方法通常要求算法的计算量与数据量为线性关系，但很多关键的算法还达不到这个要求。对于特别大的数据集，适合运用次线性的算法，也就是说这种算法的计算量远小于数据量，为此可以采用抽样的方法。

（2）分布式计算。这种方法是把一个大问题分解成很多小问题，是分而治之的还原论的方法，如 MapReduce 分布编程模型。

1.1.3 数据科学的知识体系

基于知识体系方面的考虑，数据科学主要以统计学、机器学习、数据可视化以及（某一）领域实务知识与经验为理论基础，其主要研究内容包括基础理论、数据加工、数据计算、数据管理、数据分析和数据产品开发等，如图 1-3 所示。

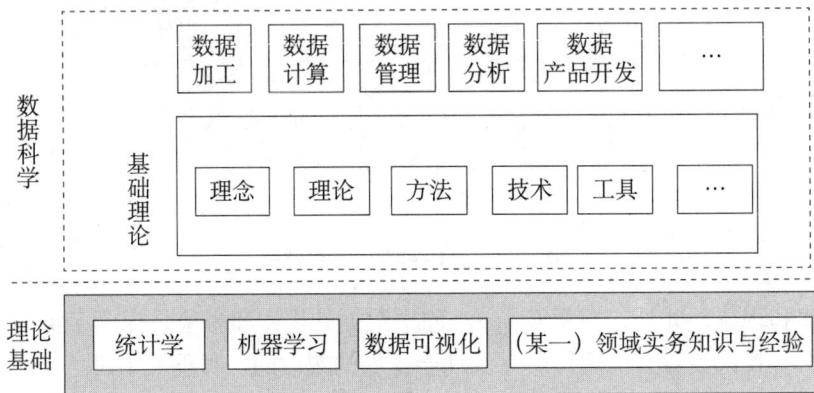

图 1-3　数据科学的知识体系

1. 基础理论

基础理论主要包括数据科学中的理念、理论、方法、技术、工具以及数据科学的研究目的、理论基础、研究内容、基本流程、主要原则、典型应用、人才培养、项目管理等。在这里，基础在数据科学的边界之内，而理论基础在数据科学的边界之外，理论基础是数据科学的理论依据和来源。

2. 数据加工

数据加工是数据科学中关注的新问题之一。为了提升数据质量、降低数据计算的复杂度、减少数据计算量以及提升数据处理的精准度，数据科学项目需要对原始数据进行一定的加工处理工作，主要包括数据清洗、数据变换、数据集成、数据脱敏、数据约简和数据标注等。数据加工与传统数据处理的不同之处在于，其更加强调数据处理中的增值过程，即如何将数据科学家的创造性设计、批判性思考和好奇性提问融入数据的加工活动之中。

3. 数据计算

在数据科学中，计算模式发生了根本性的变化，其从集中式计算、分布式计算等传统计算过渡至云计算，比较有代表性的是 Google 三大云计算技术 Hadoop MapReduce、Spark 和 YARN（Yet Another Resource Negotiator，另一种资源协调者）。计算模式的变化表明了数据科学所关注的数据计算的主要瓶颈、主要矛盾和思维模式发生了根本性变化。

4. 数据管理

在完成数据加工和数据计算之后，人们还需要对数据进行管理与维护，以便再次进行数据分析、数据的再利用和长久存储。在数据科学中，数据管理方法与技术也发生了重要变革，不仅包括传统关系型数据库系统，还出现了一些新兴数据管理技术，如 NoSQL、NewSQL 技术等。

5. 数据分析

数据科学中采用的数据分析方法具有较为明显的专业性，通常以开源工具为主，与传统数据分析有着较为显著的差异。目前，R 语言和 Python 语言已成为数据分析较为普遍应用的工具。

6. 数据产品开发

数据产品开发是数据科学的主要研究目标之一。与传统产品开发不同的是，数据产品开发具有以数据为中心、多样性、层次性和增值性等特征，而数据产品开发能力也具有挑战性与竞争性，因此，应用数据科学的目的之一是提升数据产品开发能力。

1.2　大数据的生态环境与概念

大数据主要来自互联网世界与物理世界。

1.2.1　大数据的生态环境

1. 互联网世界

目前世界上 90% 的数据是在互联网出现之后迅速产生的。来自互联网的网络大数据是指"人、机、物"三元世界在网络空间中交互、融合所产生并在互联网上可获得的大数据，网络大数据的规模和复杂度的增长超出了硬件能力增长的摩尔定律。

（1）视频图像。视频图像是大数据的主要来源之一，电影、电视节目可以产生大量的视频图像，各种室内外的视频摄像头也在昼夜不停地产生巨量的视频图像。

（2）图片与照片。图片与照片也是大数据的主要来源之一，如果拍摄者为了保存拍摄时的原始文件，平均每张照片大小为 1 MB，则 140 G 照片的总数据量就是 140 G × 1 MB = 140 PB。此外，许多遥感系统也在每天 24 h 不停地拍摄并产生大量照片。

（3）音频。DVD（Digital Video Disc，数字通用光盘）采用了双声道 16 位采样，采样频率为 44.1 kHz，可达到多媒体欣赏水平。如果某音乐剧的长度为 5.5 min，计算其占用的存储容量为 12.6 MB。

（4）日志。网络设备、系统及服务程序等在运作时都会产生日志的事件记录，每一行日志都记载着日期、时间、使用者及动作等相关操作的描述。

（5）网页。网页是构成网站的基本元素，是承载各种网站应用的平台。网页内容丰富，数据量巨大，每个网页有 25 KB 数据，则一万亿个网页的数据总量为 25 PB。

2. 物理世界

来自物理世界的大数据又称为科学大数据，科学大数据主要是指来自大型国际实验，或是跨实验室、单一实验室或个人观察实验所得到的科学实验数据或传感数据。由于科学实验是科技人员设计的，数据采集和数据处理也是事先设计的，所以不管是检索还是模式识别，其都有科学规律可循。

1.2.2 大数据的概念

我们可将大数据的特性归纳为 5 个"V"特性：Volume（数据量），Variety（多样性），Value（价值），Velocity（速度），Vraisemblance（真实性），如图 1-4 所示。

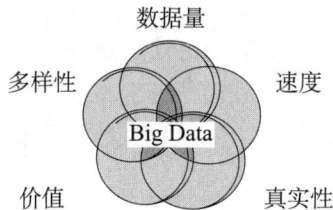

图 1-4 大数据的 5 个"V"

1. 数据量

Volume 代表数据量巨大，存储容量单位的定义见表 1-1。

表 1-1 存储容量单位的定义

单位	定义	字节数（二进制）	字节数（十进制）
Kilobyte（千字节）	1 024 Byte	2^{10}	10^{3}
Megabyte（兆字节）	1 024 Kilobyte	2^{20}	10^{6}
Gigabyte（吉字节）	1 024 Megabyte	2^{30}	10^{9}
Terabyte（太字节）	1 024 Gigabyte	2^{40}	10^{12}
Petabyte（拍字节）	1 024 Terabyte	2^{50}	10^{15}
Exabyte（艾字节）	1 024 Petabyte	2^{60}	10^{18}
Zettabyte（泽字节）	1 024 Exabyte	2^{70}	10^{21}
Yottabyte（尧字节）	1 024 Zettabyte	2^{80}	10^{24}

大数据则是指 PB（10^{15}）级及其以上的数据，随着存储设备容量的增大，存储数据量的增多，大数据的容量指标是动态增加的，也就是说还会增大。2011 年全世界所生产的数据总和是 1.8 ZB，如果用 9 GB 的 DVD 和 1 TB 的 2.5 寸硬盘分别保存 1.8 ZB 的数据，所需的光盘数量和硬盘数量见表 1-2。

表 1-2　用 9 GB 的 DVD 和 1 TB 的 2.5 寸硬盘分别保存 1.8 ZB 的数据的比较

所用存储介质	单个容量/GB	所需数量/个	单个厚度/mm	堆叠高度/km
DVD	9	219 902 325 555	1.2	263 882.79
2.5 寸硬盘	1 024	1 932 735 283	9	17 394.62

为了更形象地表示表 1-2 给出的结果，特做如下说明：如果全部用 9 GB 的 DVD 来保存，则所用的 9 GB 的 DVD 叠加后的高度超过 26 万千米，这个数字几乎是地球到月球距离的三分之二。如果用 1 TB 的 2.5 寸硬盘保存这 1.8 ZB 的数据，则所用 1 TB 的 2.5 寸硬盘叠加后的高度超过 1.7 万千米，几乎接近地球周长的二分之一。为了进一步说明此数据，下面有个实际的例子：据某计算机报报道，某银行的 20 个数据中心大约有 7 PB 硬盘和超过 20 PB 的磁带存储，而且其每年以 50%~70% 的存储量增长，存储 27 PB 数据大约需要 40 万个 80 GB 的硬盘。

下面再从质量的角度进行说明，如果 1 TB 硬盘的标准质量是 670 g，那么储存 1 NB 数据的硬盘总质量为

$$1 \text{ NB} \times 0.67 \ / \ 10\ 000 = 2^{60} \text{ TB} \times 0.67 \ / \ 10\ 000 = 77\ 245\ 740\ 809 \text{ 万吨}$$

其中　　　　　　　　　　$1 \text{ NB} = 1\ 152\ 921\ 504\ 606\ 846\ 976 \text{ TB}$

也就是说，储存 1 NB 数据的硬盘需要运载量为 56 万吨的巨型海轮来回拉 1 379 388 229 次才能将这些数据运到地点，估计当完成任务时，1 000 艘 56 万吨的巨型海轮都已经损坏了。

可以看出，上述例子中的数据十分惊人，用硬盘来存储大数据是一份困难的工作，所以不能用传统的方法来存储与管理这些大数据。

2. 多样性

Variety 代表数据类型繁多，数据类型包括结构化数据、非结构化数据和半结构化数据。

结构化数据是指可以在结构数据库中进行存储与管理，并可用二维表来表达实现的数据。这类数据是先有结构，然后才有数据，其在大数据中所占比例较小，只占 15% 左右，现已被广泛应用。当前的关系数据库系统存储的是结构化数据。

非结构化数据是指在获得数据之前无法预知其结构的数据，目前所获得的数据 85% 以上是非结构化数据，而不再是纯粹的结构化数据。非结构化数据的增长过程如图 1-5 所示。

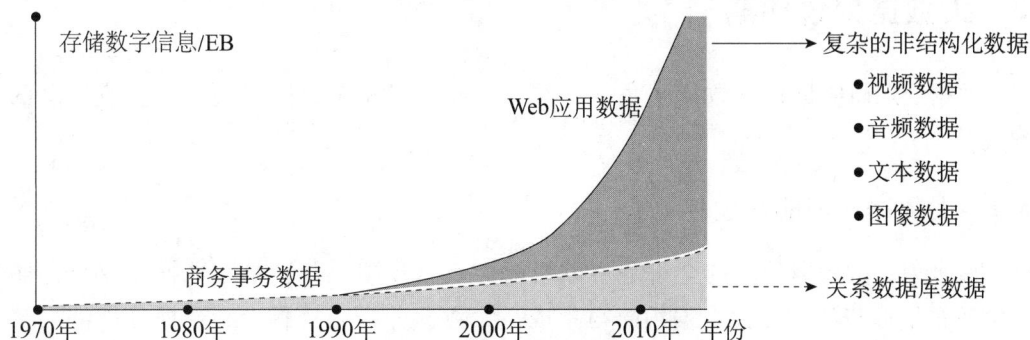

图 1-5　非结构化数据的增长过程

半结构化数据具有一定的结构性，这样的数据与结构化数据、非结构化数据都不一样，例如，网页数据就是一种典型的半结构化数据。

结构化数据、非结构化数据、半结构化数据的比较见表1-3。

表1-3 结构化数据、非结构化数据、半结构化数据的比较

比较项目	结构化数据	非结构化数据	半结构化数据
定义	具有数据结构描述信息的数据	不方便用固定结构来表现的数据	处于结构化数据和非结构化数据之间的数据
结构与内容的关系	先有结构，再有数据	只有数据，无结构	先有数据，再有结构
示例	各类表格	图形、图像、音频、视频信息	HTML文档，它一般是自描述的，数据的内容与结构混在一起

3. 价值

Value 代表价值，在这里表示价值密度低，大数据中80%甚至90%的数据都是无效数据。以视频为例，在连续不间断的监控过程中，可能有用的数据仅仅有一两秒，而人们难以对此进行预测分析、运营智能、决策支持等计算，我们通常利用价值密度比来描述这一特点。

4. 速度

Velocity 代表大数据产生的速度快、变化的速度快。Facebook 每天产生25亿个以上条目，每天增加数据超过500 TB，这样的变化率产生的数据需要快速存储与处理，进而创造出价值。传统技术不能够完成大数据高速储存、管理和使用，因此应该研究新的方法与技术。

5. 真实性

Vraisemblance 代表数据具有真实性。真实性是指数据是所标识的数据，而不是假冒的。准确性是真实性的描述，不真实的数据需要在清洗、集成和整合之后获得高质量的数据，而后再进行分析，也就是说，采集来的大数据不能保证完全的真实性，但是大数据分析需要真实的数据。越真实的数据，其数据质量越高。

1.3 大数据处理周期

大数据处理周期是指从数据采集、清洗、集成、挖掘和分析到获得有价值信息的全过程。

1.3.1 大数据处理的全过程

一般来说，大数据处理的全过程可以概括为5个步骤，分别是大数据获取与存储管理，大数据抽取与清洗，大数据约简与集成，大数据分析与挖掘，大数据分析结果解释与可视化展现。

1. 大数据获取与存储管理

在从获取数据到获得有价值信息与知识的全过程中，数据获取是最初始的一步。这一步主要完成数据获取，并将获取到的数据存入指定的存储系统中。

2. 大数据抽取与清洗

抽取与清洗是大数据处理周期的第二步，也是预处理的重要一步。大数据抽取是指将在大数据分析与挖掘中所需要的相关数据抽取出来，放到指定的目标系统中的过程。大数据清洗是指清除脏数据（重复、缺失和错误的数据）。

3. 大数据约简与集成

大数据约简可以进一步简化数据，而大数据集成可将相互关联的分布式异构数据源集成到一起，使用户能够以透明的方式访问这些数据源。

4. 大数据分析与挖掘

大数据分析是指用准确适宜的分析方法和工具来分析经过预处理的大数据，提取具有价值的信息，进而形成有效的结论，并通过可视化技术展现出来的过程。大数据挖掘是从大型数据集（可能是不完全的、有噪声的、不确定性的、各种存储形式的）中挖掘出隐含在其中的、人们事先不知的、对决策有用的知识与信息的过程。

5. 大数据分析结果解释与可视化展现

大数据分析结果解释的目的是使用户理解分析的结果，通常包括检查所提出的假设并对分析结果进行解释，采用可视化技术展现大数据分析结果。

1.3.2 大数据技术的特征

1. 分析全面的数据而非随机抽样

在大数据出现之前，由于缺乏获取全体样本的手段和可能性，人们提出了随机抽样的小样本方法。在理论上，越随机抽取的样本，就越能代表整体样本，但是获取随机样本的代价极高，而且费时。出现数据仓库和云计算之后，人们获取足够大的样本数据，以致获取全体数据变得更为容易并成为可能，因为所有的数据都在数据仓库中，完全不需要以抽样的方式调查这些数据。获取大数据本身并不是目的，能用小数据解决的问题绝不要故意增大数据量。当年开普勒发现行星运动三大定律，牛顿发现力学三大定律都是基于小数据。人脑具有强大的抽象能力，所以人脑是小样本学习的典型。

2. 重视数据的复杂性，弱化精确性

对小数据而言，最基本和最重要的要求就是减少错误、保证质量。由于收集的数据少，所以人们必须保证记录下来的数据尽量准确。例如，使用抽样的方法，就需要保证在具体的运算上非常精确，在一个 1 亿人口的总样本中随机抽取 1 000 人，如果在 1 000 人以上的运算中出现错误，那么放大到 1 亿人口中将会变大偏差，但在总样本上，产生多少偏差就为多少偏差，不会被放大。

精确的计算是以时间消耗为代价的，但在小数据情况中，追求精确是为了避免放大的偏差而不得以为之。在样本等于总体大数据的情况下，快速获得一个大概的轮廓和发展趋势比严格的精确性重要得多。

大数据的简单算法比小数据更有效，大数据不再期待精确性，也无法实现精确性。

3. 关注数据的相关性，而非因果关系

相关性表明变量 A 与变量 B 有关，或者说变量 A 的变化与变量 B 的变化之间存在一定的比例关系，但这里的相关性并不一定是因果关系。

4. 学习算法复杂度

针对 PB 级以上的大数据，我们需要更简单的人工智能算法和新的问题求解方法。人们普遍认为，大数据研究不只是几种方法的集成，而应该具有不同于统计学和人工智能的本质内涵。大数据研究是一种交叉学科研究，应体现其交叉学科的特点。

1.4　大数据处理模式

大数据处理模式主要包含离线处理模式、在线处理模式和交互处理模式等，下面主要介绍前两种处理模式。

1.4.1　离线处理模式

1. 大数据离线处理特点

（1）数据量巨大且保存时间长。

（2）在大量数据上进行复杂的批量运算。

（3）数据在计算之前已经完全到位，不会发生变化。

（4）能够方便地查询批量计算的结果。

2. 批量计算

批量计算是一种适用于大规模并行批处理作业的分布式云服务。批量计算支持海量作业并发规模，系统自动完成资源管理、作业调度和数据加载，并按实际使用量计费。批量计算广泛应用于电影动画渲染、生物数据分析、多媒体转码、金融保险分析和数据处理等领域。

批量计算属于离线计算，大数据批量计算模式如图 1-6 所示。批量计算首先将数据存储到硬盘中，然后对存储在硬盘中的静态数据进行集中计算。Hadoop 是典型的大数据批量计算架构，由 HDFS（Hadoop Distributed File System，Hadoop 分布式文件系统）负责静态数据的存储，并通过 MapReduce 将计算逻辑分配到各数据节点进行数据计算和价值发现。

1.4.2　在线处理模式

流式数据适合在线处理，而流式计算是一种典型的在线处理模式。大数据流式计算主要对动态产生的数据进行实时计算并及时反馈结果，适用于不要求结果绝对精确的应用场景。大数据流式计算系统的首要设计目标是在数据的有效时间内获取其价值，因此，流式计算通

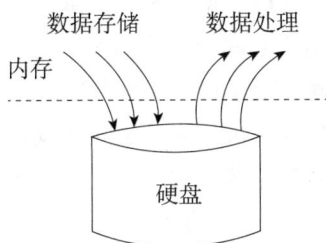

图 1-6 大数据批量计算模式

常是当数据到来后,立即对其进行计算,而不是采取存储等待后续全部数据到来之后的批量计算的方式。流式计算不宜用持久稳定关系建模,而适用瞬态数据流建模,其典型应用包括金融服务、网络监控、电信数据管理、Web 应用、生产制造与传感检测等。

流式数据的广泛使用使得数据采集更加方便,传感器会连续地产生数据,如实时监控、网络流量监测等。除了传感器源源不断地产生数据外,许多领域都涉及流式数据,如经济金融领域中股票价格和交易数据、零售业中的交易数据、通信领域中的数据等都是流式数据,这些数据最大的特点就是它们每时每刻都在产生,但与其他的大数据不同,流式数据连续有序、变化迅速,而且对处理分析的响应度要求较高,因此,对于流式数据的处理和挖掘应该采用特殊的方法。

1. 流式数据的概念

流式数据是指产生的数据不是批量传输过来,而是数据连续不断地像水一样流过来。流式数据的处理也是连续处理,而不是批量处理。如果等到全部数据收到以后再以批量的方式处理,那么延迟很大,而且在很多场合将消耗大量存储资源。

(1) 静态数据。静态数据是先存储在硬盘上,然后提供给用户使用的数据。静态数据不是流式数据,其文件更新困难,而且并行更新根本不可能实现。

(2) 动态数据。动态数据是流式数据,一部电影就是动态数据,其动态表现不是人们在屏幕上移动,而是屏幕上有源源不断的图像经过,每一张图像转眼间就消失了。许多软件应用必须先让数据运动起来,然后才能对其进行处理。数据可以从一种功能流动到另一种功能,从一个线程流动到另一个线程,从一个流程移动到另一个流程,从一台计算机流动到另一台计算机。

为了有效地处理数据,人们应该尽可能地限制静态数据,因为硬盘是计算机系统最慢的部件。动态数据的另一个优点是在大量的类似数据中,没有必要通过专门的存储机制来优化数据检索。如果需要从静态存储库中检索数据,则需要确定如何进行检索。检索可以通过顺序访问或索引访问来完成。

(3) 实时处理。在某些情况下,处理数据所需的处理权限和时间量必须得到环境的保证。为了确保指定的响应时间,不能以任何理由暂停执行程序。在这些情况下,处理数据必须在专门的操作环境中运行,也就是说要在支持这类调度的特定操作系统下进行。在较宽松的环境中，实时处理可以随时随地处理数据，时间范围从瞬间到数分钟甚至数小时不等。而在紧要关头，数据可用性与数据创建之间可能存在延迟性。数据可能每隔 15 min 突然出现一次，而延迟性就是数据突然出现和信息可用之间的时间。

在许多案例中，如社交数据分析，将依靠已定义的延迟水平来确定处理的有效性。很多项目成功的关键就在于可以降低多少延迟时间。

2. 流式数据源

流式数据源种类繁多，在此仅列举以下几种。

（1）传感器数据。传感器产生的数据是流式数据的最重要来源，例如，在海中的温度传感器，每小时将采集到的海面温度数据以数据流方式传递给网络中的基站。由于其数据传输率较低，并不适于流式数据计算，所以全部流式数据都可以存放在硬盘中，然后进行批量计算。但是如果需要将海表面的高度数据通过 GPS（Global Positioning System，全球定位系统）部件传给基站，考虑到海表面的高度变化迅速，需要每隔 0.1 s 将海表面的高度数据传回一次，如果每次传送 4 B 实数，那么一个传感器每天产生的数据量为 3.5 MB。为了探索和研究海洋行为，研究者需要部署大量的传感器，如果部署 1 000 万个传感器，则每天传回的数据就有 35 TB。针对这样大的数据量，因容量有限，不可能全部存入硬盘，所以需要流式数据计算技术。

（2）图像数据。卫星每天向地球传回大量 TB（太字节）级的图像数据，而监控摄像机产生的图像分辨率虽然不如卫星，但是地球上监视摄像机的数量巨大，而每台监视摄像机都会产生自己的图像流。

（3）互联网及 Web 流量。互联网中的交换节点从很多输入源接受 IP（Internet Protocol，网络协议）数据包流，并将它们路由到输出目标。Web 网站收到的数据包流包括各种类型，如谷歌每天收到几亿个查询，雅虎的网站收到数十亿个点击等。

（4）流媒体传输。成功的流媒体传输技术也是一种流式处理技术。在网络上传输音频/视频（英文缩写 A/V）等多媒体信息主要有下载和流式传输两种方案。A/V 文件一般都较大，所以需要的存储容量也较大。同时由于网络带宽的限制，下载时常常要花数分钟甚至数小时，所以采用下载的处理方法时延较大。采用流媒体传输时，声音、影像或动画等时基媒体由音频/视频服务器向用户计算机连续、实时传送，用户不必等到整个文件全部下载完毕，而只需经过几秒或数十秒传输，待数据达到一定的数量之后即可进行观看，这样可以大大缩短用户需要等待的时间。当声音等时基媒体在客户机上播放时，文件的剩余部分将在后台从服务器内继续下载。流媒体传输不仅使启动延时十倍、百倍地缩短，而且不需要太大的缓存容量。流媒体传输克服了用户必须等待整个文件全部从网络上下载后才能观看的缺点。

3. 流式数据的特点

（1）实时性。由于数据源的种类繁多且复杂，导致了数据流中的数据可以是结构化数据、半结构化数据，甚至是非结构化数据。数据源不受任何接收系统的控制，数据的产生是实时的、连续不断的、不可预知的。也就是说，流式数据是实时产生、实时计算的，其计算结果的反馈也往往需要保证及时性。流式数据的大部分数据到来之后直接在内存中进行计算，并在计算之后被丢弃，只有少量数据长久地保存到硬盘中，这就需要系统计算快，计算延迟足够小，在数据价值有效的时间内体现数据的有用性，因此，我们可以优先计算时效性特别短、潜在价值又很大的数据。

（2）易失性。通常数据流到达后立即被计算并使用，只有极少数的数据能持久地保存下来，大多数数据直接被丢弃。数据的使用通常是一次性的、易失的。即使重放，得到的数据流与之前的数据流通常也不同，这就需要系统具有一定的容错能力，能够充分地利用仅有的一次数据计算的机会，尽可能全面、准确、有效地从数据流中获得有价值的信息。

（3）突发性。数据的产生完全由数据源确定，不同的数据源在不同时空范围内的状态不统一且动态变化，导致数据流的速率呈现突发性变化的特征。前一时刻数据速率和后一时刻数据速率可能有巨大的差异，数据的流速波动较大，这就需要系统具有很好的可伸缩性，能够动态适应不确定流入的数据流，并具有很强的系统计算能力和大数据流量动态匹配能力，进而达到在高流速的情况下不丢弃数据，也可以识别并选择丢弃部分不重要的数据，在低流速的情况下保证不长时间地过多占用系统资源。

（4）无序性。大数据的无序性是指各数据流之间无序，而同一数据流内部各数据元素之间也无序，其原因如下。

①由于各个数据源之间是相互独立的，所处的时空环境也不尽相同，因此无法保证各数据流间的各个数据元素的相对顺序。

②即使是同一个数据流，由于时间和环境的动态变化，也无法保证重放数据流和之前数据流中数据元素顺序的一致性。这就需要系统在数据计算过程中具有很好的数据分析和发现规律的能力，不能仅依赖数据流间的内在逻辑或者数据流内部的内在逻辑。

③流式数据通常带有时间标签或顺序属性，因此，同一流式数据往往被按序处理，但数据的到达顺序不可预知。由于时间和环境的动态变化，系统无法保证重放数据流与之前数据流中数据元素顺序的一致性，进而导致了数据的物理顺序与逻辑顺序不一致，即数据流顺序颠倒，或者由于丢失而不完整。

（5）无限性。只要数据源处于活动状态，数据就会一直产生并持续增加。潜在的数据量无法用一个具体确定的数据描述，在数据计算过程中，系统无法保存全部数据。这是由于既没有足够大的硬件空间来存储无限增长的数据，也没有合适的软件来有效地管理这么多数据，更无法保证系统长期而稳定地运行。

（6）准确性。真实性差是大数据的特性之一，数据的质量不能保证就是准确性不能保证。在大数据中，我们将重复数据、异常数据和不完整数据统称为脏数据，由于数据流中含有脏数据的情况不可避免，因此，流式数据的处理系统需要对脏数据具有很强大的数据抽取和动态清洗能力，进而获得高质量的数据。

4. 大数据的流式计算模式

基于数据的价值随着时间的流逝而降低的理念，事件出现后必须尽快地对它们进行处理，理想的情况是数据出现时便立刻对其进行处理，发生一个事件进行一次处理，而不是存储起来成批处理。

大数据的计算模式可以分为批量计算、流式计算和交互式计算三种类型。数据批量计算与数据流式计算的区别在于流式计算不强调存储过程，注重实时，数据流进来的时候就处理，而不是数据存储完再处理。

（1）大数据流式计算模型。大数据流式计算模型如图 1-7 所示，在流式计算中，无法确定数据的到来时刻和到来顺序，也无法将全部数据存储起来，因此，系统不再进行流式数据的硬盘存储，而是当流动的数据到来之后在内存中直接进行数据的实时输入、实时计算、实时输出。如 Twitter 的 Storm 就是典型的流式数据计算架构，数据在内存中被计算，并输出有价值的信息，而且不存储于硬盘。

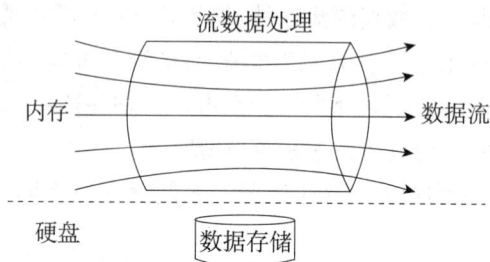

图 1-7　大数据流式计算模式

（2）流式计算与批量计算的应用场景。流式计算、批量计算分别适用于不同的大数据应用场景。批量计算模式适用于对于先存储后计算，实时性要求不高，但对数据的准确性和全面性更为重要的应用场景。流式计算适用于无须先存储，可以直接进行数据计算，实时性要求很严格，但数据的精确度要求较宽松的应用场景。在流式计算中，由于数据在最近一个时间窗口内，所以数据延迟较短，实时性较强，但数据的精确程度较低。流式计算和批量计算具有互补特征，在多种应用场合下可以将两者结合起来，通过发挥流式计算的实时性优势和批量计算的精确性优势来满足多种应用场景的数据计算。

大数据流式计算与批量计算在各个主要性能指标上的比较结果见表 1-4。

表 1-4　大数据流式计算与批量计算在各个主要性能指标上的比较结果

性能指标	大数据流式计算	大数据批量计算
计算方式	实时	批量
常驻空间	内存	硬盘
时效性	短	长
有序性	无	有
数据量	无限	有限
数据速率	突发	平稳
是否可重现	难	稳定
移动对象	数据移动	程序移动
数据精确度	较低	较高

（3）流式计算与实时计算的比较。批处理不是流式计算，流式计算是实时计算的子集，实时计算从响应时间来区分计算类型，是请求—响应时间较短的计算技术。流式计算是一种计算模型，这种模型中各个计算单元分布在多个物理节点之上，数据以流的形式在计算单元之间流动形成整体逻辑。流式计算是实现实时计算的一种优秀的方式，在计算实时性要求比较高的场景能够实时地响应，响应时间一般在秒级。Yahoo 的 S4、Twitter 的 Storm 都属于流式计算模式，与实时计算同属一类，而批量计算就不是流式计算。

5. 数据流技术应用

对海量数据进行实时计算，实时计算要求为秒级，其主要分为数据的实时入库、数据的实时计算。实时计算系统的设计需要考虑低延迟、高性能、分布式、可扩展、高容错。实时流计算的场景是：业务系统根据实时的操作，不断生成事件（消息/调用），然后引起一系列的处理分析，这个过程是分散在多台计算机上并行完成的，就像事件连续不断地流经多个计算节点并被处理，形成一个实时流计算系统。数据流挖掘是将用户的业务层需求转换为流式计算的具体模式的描述。

（1）中间计算。如果需要改变数据中的某一字段，可以利用一个中间值经过计算后改变其值，然后将数据重新输出。这里的计算主要指数值比较、求和、求极值和求平均值等。

例如，求极值的过程如下：在存储器中保存一个中间变量 X，每次仅需读出来，进行比较，寻找到极值。如寻找某一最大值，可以将 X 设为一个较小的初始值，将读入流式数据的每个数据与 X 相比较，如果大于 X 中的值，则将这个数据存入中间变量 X，致使中间变量中始终保存当下最大值。

（2）流式查询。流式查询主要有两种方式，一种是指定查询，另一种是即席查询。

①指定查询。指定查询是指永远不变地执行查询并在适当时刻产生输出结果，其是流式计算最简单的处理方式。如果进入系统的元素是某个字符串：arg1，arg2，……指定查询就是将指定的查询字符与字符串比较，将符合要求的字符写入归档存储器，等到需要时再统计结果。数据读取次数为读出 0 次写入 1 次。又如查询一个数据流，当超过某个值时系统就发出警报，由于该查询仅依赖于最近的那个流元素，因此对其进行处理相当容易。

②即席查询。即席查询是指用户在使用系统时，根据自己当时的需求定义的查询。即席查询是为某种目的设置的查询，用户根据自己的需求，灵活地选择查询条件，系统能够根据用户的选择生成相应的统计报表。即席查询与普通应用查询的最大不同之处在于，普通应用查询是定制开发的，而即席查询是通过用户自定义查询条件进行查询。

1.5　大数据应用

1.5.1　大数据应用趋势

随着大数据技术逐渐应用于各个行业，基于行业的大数据分析应用需求也日益增长。未来几年中针对特定行业和业务流程的分析应用将以预打包的形式出现，这将为大数据技术供应商打开新的市场。这些分析应用内容还将覆盖很多行业的专业知识，也将吸引大量行业软件开发公司的投入。

1. 大数据细分市场

大数据相关技术的发展将创造出一些新的细分市场。例如，以数据分析和处理为主的高级数据服务，将出现以数据分析作为服务产品提交的分析，即服务业务；将多种信息整合管理，创造对大数据统一的访问和分析的组件产品；基于社交网络的社交大数据分析；将出现大数据技能的培训市场，用以讲授数据分析课程，培养数据分析专门人才等。

2. 大数据推动企业发展

大数据概念覆盖范围非常广，包括非结构化数据从存储、处理到应用的各个环节，与大数据相关的软件企业也非常多，但是还没有哪一家企业可以覆盖大数据的各个方面。因此，在未来几年，大型 IT 企业为了完善自己的大数据产品线将进行并购，首当其冲的将是预测分析和数据展现等企业。

3. 大数据分析的新方法出现

在大数据分析上，将出现新方法。就像计算机和互联网一样，大数据是新一波的技术革命，现有的很多算法和基础理论将产生新的突破与进展。

4. 大数据与云计算高度融合

大数据处理离不开云计算技术，云计算为大数据提供弹性可扩展的基础设施支撑环境以及数据服务的高效模式，大数据则为云计算提供了新的商业价值，大数据技术与云计算技术必有更完美的结合。同样，云计算、物联网、移动互联网等新兴计算形态，既是产生大数据的地方，也是需要大数据分析方法的领域，大数据是云计算的延伸。

5. 大数据一体设备陆续出现

云计算和大数据出现之后，推出的软硬件一体化设备层出不穷。在未来几年里，数据仓库一体机、NoSQL 一体机以及其他一些将多种技术结合的一体化设备将进一步快速发展。

6. 大数据安全日益得到重视

数据量的不断增加对数据存储的物理安全性要求越来越高，从而对数据的多副本与容错机制提出更高的要求。网络和数字化生活使得犯罪分子更容易获得关于人的信息，也有了更多不易被追踪和防范的犯罪手段，未来可能会出现更高明的骗局。

1.5.2 大数据应用评价与应用实例

大数据的成功应用将产生重大价值，需要研究判断大数据应用成功的标志。当前大数据应用的研究关注国计民生的科学决策、应急管理（如疾病防治、灾害预测与控制、食品安全与群体事件）、环境管理、社会计算以及知识经济等应用领域。

1. 判断大数据应用成功的指标

（1）创造价值。大数据技术的应用能够创造切实的价值，据初步统计，大数据在医疗、政府、零售以及制造产业上拥有万亿元的潜在价值。大数据应用的成功实现需要在附加收益、提升客户满意度、削减成本等几个方面来考虑其带来的价值。因此，判断大数据应用成功的主要指标是看其创造的价值。

（2）在本质上提高。在模式上，大数据应用不仅使渐进式的商务模式发生改变，更重要的是使其在本质上产生跳跃式突破。例如，对初创企业来说，为了发现数据之间的关系，其应用了机器学习算法，使系统可以进行调查，而一个社交推荐系统可以实时地给用户推荐有价值的位置信息，使用新的业务模式去驱动位置信息类型业务。依赖大数据技术进行调查，可同时从多于 3 000 万个位置信息中获取见解。现在的网站已经具备了理解人们之间如何进行互动的能力，并且位置信息也不只局限于平台，而是真实世界。

（3）具备高速度。使用传统数据库技术会降低大数据技术的性能，同时也非常烦琐，因为不管这项技术是否迎合使用者的需求，涉及的企业烦琐制度已远超出想象。一个大数据的成功应用，使用的工具集和数据库技术必须同时满足数据规模与多样性的数据双重需求。一个 Hadoop 集群只需几个小时就可以搭建，搭建完成后就可以提供快速的数据分析。事实上大部分的大数据技术都为开源，这就表明可以根据需求添加支持和服务，同时许可完成快速部署。

（4）能完成以前所不能做的事情。在大数据技术出现之前，许多需求不可能实现，如限时抢购，其原因是限时抢购网站需要每日处理上千万用户的登录，将造成非常高的服务器负载峰值。通过高性能、快速扩展的大数据技术可使这种商业模式成为可能。

综上所述，大数据应用成败的关键不是系统每秒可以处理多少数据量，而是应用大数据之后创造了多少价值以及是否让业务有突破性的提升。专注业务类型，选择适合用户业务的工具集才是我们该重点关注的领域。

2. 大数据应用实例

大数据技术应用广泛，几乎涉及各个领域，如网络大数据、金融大数据、健康医疗大数据、企业大数据、政府管理大数据、安全大数据等。

（1）在医疗行业中的应用。

①医疗保健内容预测分析。利用医疗保健内容分析预测技术可以找到大量与患者相关的临床医疗信息，通过大数据处理，能够更好地分析患者的信息。

②早产婴儿的预测分析。在医院，针对早产婴儿，每秒钟有超过 3 000 次的数据读取。通过这些数据分析，医院能够提前知道哪些早产婴儿出现问题并有针对性地采取措施，避免早产婴儿夭折。

③精确诊断的预测分析。通过社交网络可以收集数据的健康类应用，也许在未来数年后，其收集的数据可使医生的诊断变得更为精确。例如，在患者服药时，不是采用通用的成人每日三次、一次一片剂量的方法，而是通过检测到人体血液中药剂已经代谢完成之后，系统自动提醒患者再次服药。

（2）在能源行业中的应用。

①智能电网现在已经做到了终端，也就是所谓的智能电表。为了鼓励利用太阳能，在家庭安装太阳能，通过电网每隔 5 min 或 10 min 收集一次数据，可以用来预测客户的用电习惯，从而推断出在未来 2~3 个月时间内，整个电网大概需要多少电。

②风力系统依靠大数据技术对气象数据进行分析，可以找出安装风力涡轮机和整个风电场最佳的地点。以往需要数周的分析工作，现在利用大数据仅需要不足 1 h 便可完成。

③智能电表。智能电表可以实现供电公司每隔 15 min 就读一次用电数据，而不是过去的一月一次。这不仅节省了抄表的人工费用，而且由于能高频率快速采集分析用电数据（产生大数据），供电公司就能够根据用电高峰和低谷时段制定不同的电价，利用这种价格杠杆来平抑用电高峰和低谷的波动幅度。实际上，智能电表和大数据应用让分时动态定价成为可能，而且这对于供电公司和用户来说是一个双赢的结果。

（3）在通信行业中的应用。

①利用预测分析软件，通信行业可以预测客户的行为，发现行为趋势，并找出存在缺陷的环节，从而帮助公司及时采取措施，保留客户，以减少客户流失率。此外，网络分析加速器通过提供单个端到端网络、服务、客户分析视图的可扩展平台，可以帮助通信企业制定更科学、更合理的决策。

②电信业者透过数以千万计的客户资料，能分析出多种使用者的行为和趋势，继而卖给需要的企业，这是全新的资料经济。

③通过大数据分析，通信行业对企业运营的全业务进行针对性的监控、预警、跟踪。系统在第一时间自动捕捉市场变化，再以最快捷的方式推送给指定负责人，使其在最短的时间内获知市场行情。

④通信行业将手机位置信息和互联网上的信息结合起来，为顾客提供附近的餐饮店信息，此外，在接近末班车时间时，还能提供末班车信息服务。

（4）在交通行业中的应用。

①快速多效利用地理定位数据。公司为了能在车辆晚点的时候跟踪到车辆的位置和预防引擎故障，在车辆上装有传感器、无线适配器和 GPS。同时，这些设备也方便了公司监督管理员工并优化行车线路。为车辆定制的最佳行车路径是根据过去的行车经验总结而来的。

②移动运营商可在多个 IT 系统中整合大数据应用，对客户交易和互动数据进行综合分析，更准确地预测客户流失率。通过将社交媒体数据与 CRM（Customer Relationship Management，客户关系管理）系统以及计费系统中的交易数据进行综合分析，进一步降低客户流失率。

③运输公司部署了一系列的运输大数据应用，采集上千种数据类型，从油耗、胎压、卡车引擎运行状况到 GPS 信息等，并通过分析这些数据来优化车队管理、提高生产力、降低油耗，每年可节省大量的运营成本。

④车队通过汽车传感器在赛前的场地测试中实时采集数据，结合历史数据，通过预测及分析发现赛车问题，并预先采取正确的赛车调校措施，从而降低事故概率并提高比赛胜率。

⑤缓解停车难问题。用户利用手机能够跟踪入网城市的停车位，其只需要输入地址或者在地图中选定地点，就能看到附近可用的车库或停车位，以及价格和时间区间，并能够实时跟踪停车位数量变化，实时监控多个城市的停车位。

⑥缓解道路拥堵的系统方案。基于实时交通报告来侦测和预测拥堵。当交管人员发现某地即将发生交通拥堵时，可以及时调整信号灯让车流以最高效率运行。这种技术对于突发事件也很有用，如帮助救护车尽快到达医院。而且随着运行时间的积累，交管部门还可以通过这种技术学习过去的成功处置方案，并运用到未来的预测中。

（5）在零售业中的应用。

大数据应用的必要条件在于 IT 与经营的融合，经营可以是小至一个零售门店的经营，也可以是大至一个城市的经营。

①零售商收集社交信息，更深入地理解化妆品的营销模式，随后必须保留两类有价值的客户：高消费者和高影响者。商家希望通过免费化妆服务，让用户进行口碑宣传，这是交易数据与交互数据的完美结合，为业务挑战提供了解决方案。零售商用社交平台上的数据充实了客户主数据，使其业务服务更具有目标性。

②零售商也可以监控客户在店内的走动情况以及与商品的互动，其将这些数据与交易记录相结合来展开分析，从而在销售哪些商品、如何摆放货品以及何时调整售价上给出意见，此类方法已经帮助某领先零售企业减少了 17% 的存货，同时在保持市场份额的前提下增加了高利润率自有品牌商品的比例。

（6）在金融行业中的应用。

金融行业通过掌握的企业交易数据，借助大数据技术自动分析，判定是否给予企业贷款，全程不出现人工干预。

①股票公司利用电脑程序分析全球数亿微博账户的留言，进而判断民众情绪，再进行打分。根据打分结果，其再决定如何处理手中数以千万元的股票。其判断原则是：如果所有人似乎都高兴，那就买入；如果大家的焦虑情绪上升，那就抛售。

②像 VISA 这样的信用卡发行商，站在了信息价值链最佳的位置上。VISA 的数据部门收集和分析了来自 210 个国家的 15 亿张信用卡用户的 650 亿条交易记录，用来预测商业发展和客户的消费趋势，然后卖给其他公司。

本章小结

本章概括性介绍了数据科学、大数据的生态环境等概念，以及大数据处理模式和大数据应用等内容。

习　题

一、选择题

1. 数据科学是关于（　　）的科学。

　A. 算法　　　　　B. 数据　　　　　C. 信息　　　　　D. 知识

2. 数据科学不仅可以推动数学、计算机科学、统计学、天体信息学等学科的发展，而且又能够大力助推（　　）的发展与进步。

    A. 基础科学　　　　　B. 流体力学　　　　　C. 基本理论　　　　　D. 产业

3. Cyber 空间是指以计算机技术、现代通信网络技术、（　　）等信息技术的综合运用为基础，以知识和信息为内容的新型空间。

    A. 电子技术　　　　　B. 虚拟现实技术　　　C. 软件技术　　　　　D. 人工智能

4. 大数据主要来自（　　）与互联网世界。

    A. 电子世界　　　　　B. 物理世界　　　　　C. 因特网　　　　　　D. 广域网

5. 大数据的 5 个"V"特性是数据量、多样性、（　　）、速度、真实性。

    A. 稀疏性　　　　　　B. 关联性　　　　　　C. 实用性　　　　　　D. 价值

6. （　　）是结构化数据，网页是半结构化数据。

    A. 关系数据库数据　　B. 视频　　　　　　　C. 网页　　　　　　　D. 声音

7. MapReduce 模型适于（　　）计算。

    A. 实时　　　　　　　B. 在线　　　　　　　C. 离线　　　　　　　D. 流式

8. 批量计算技术属于（　　）计算技术。

    A. 离线　　　　　　　B. 在线　　　　　　　C. 流式　　　　　　　D. 在线

9. 离线计算模式中的已知数据存储于（　　）。

    A. 内存　　　　　　　　　　　　　　　　　B. 硬盘

    C. 高速缓冲存储器　　　　　　　　　　　　D. 闪存

二、判断题

1. 计算机科学是算法与算法变换的科学，数据科学是关于数据的科学，数据科学是为研究探索 Cyber 空间中数据界的理论、方法和技术。（　　）

2. 数据快速大量地产生并存储在 Cyber 空间中的现象称为数据爆炸。（　　）

3. 数据科学的组成要素主要包括数学、统计学知识，以及领域的专业知识。（　　）

4. 大数据主要来自物理世界与互联网世界。（　　）

5. 非结构化数据是指在获得数据之前就可知其结构的数据。（　　）

6. 大数据处理周期是指从数据获取、挖掘和分析，进而快速获得有价值信息的过程。（　　）

实验 1　Linux 操作系统部署

    Linux 操作系统应用日益广泛，现已成为主流的网络操作系统。云计算、物联网、移动互联网和大数据等研究热点与应用领域的出现与发展，都应用了 Linux 操作系统。随着互联网的广泛应用，Linux 用户也迅速扩展，Linux 操作系统发挥出越来越大的作用。

    1. 实验目的

    通过 Linux 操作系统部署的实验，学生可以掌握虚拟机平台 VirtualBox 及扩展包安装方法、创建 Linux 虚拟机方法、安装 Linux 操作系统方法，进而为大数据 Hadoop 环境部署奠定基础。

2．实验要求

在了解 Linux 操作系统安装的相关知识基础之上，通过实例完成下述任务。

（1）虚拟机平台 VirtualBox 及扩展包安装。

（2）创建虚拟机。

（3）安装 Ubuntu 操作系统。

3．实验内容

（1）制订实验计划。

（2）虚拟机平台 VirtualBox 及扩展包安装。

（3）创建虚拟机。

（4）安装 Ubuntu 操作系统。

（5）熟悉操作系统的基本命令使用方法。

4．实验总结

通过本实验，使学生了解 Linux 操作系统的特点和过程，理解其基本命令使用方法，掌握虚拟机平台 VirtualBox 及扩展包安装方法，以及安装 Linux 操作系统的方法。

5．思考拓展

（1）为什么 Linux 操作系统得到了广泛的应用？

（2）说明 Linux 操作系统的安装步骤和简单配置方法。

（3）什么是虚拟机？在 Linux 操作系统安装过程中为什么使用虚拟机？

（4）Java 虚拟机与在安装 Linux 操作系统中所创建的虚拟机有何区别？

第 2 章　基于 Hadoop 平台的大数据处理

知识结构图

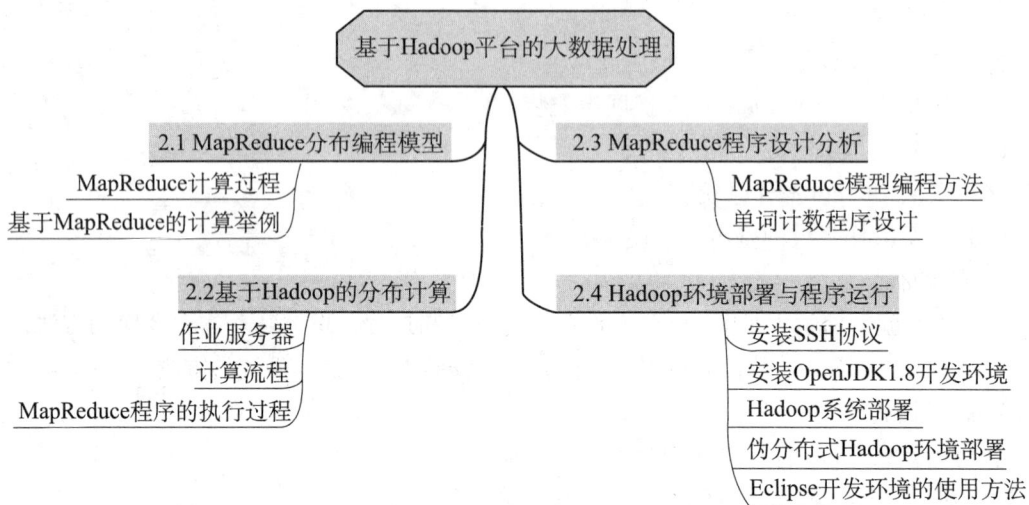

学习目标

● 掌握：MapReduce 计算过程、MapReduce 程序的执行过程、MapReduce 模型编程方法和基于 Eclipse 环境的程序运行。

● 理解：作业服务器、计算流程、单词计数程序设计和伪分布式 Hadoop 环境部署。

● 了解：MapReduce 适用的场景、Hadoop 系统部署、安装 OpenJDK1.8 开发环境和安装 SSH 协议。

Hadoop 是最早出现的大数据处理平台，其核心为 HDFS 与 MapReduce，其中 HDFS 用于存储与管理数据，MapReduce 用于处理数据。

2.1　MapReduce 分布编程模型

MapReduce 是分布计算的编程模型，在 Hadoop 分布计算平台中，利用 MapReduce 模型对任务进行分配，进而使分配后的任务在计算机集群上进行分布并行计算，实现了 Hadoop 对任务的并行处理的功能。

2.1.1　MapReduce 计算过程

MapReduce 由 Map 和 Reduce 两个阶段组成，用户只需要编写 Map 和 Reduce 两个函数就可以完成简单的分布式程序的设计。Map 函数以键值对（key,value）作为输入，产生另外一系列键值对作为中间输出写入本地硬盘。MapReduce 框架会自动将这些中间数据按照 key 值进行聚集，将 key 值相同的数据统一交给 Reduce 函数处理。Reduce 函数以 key 及对应的 value 列表作为输入，经合并 key 相同的 value 值后，产生另外一系列键值对作为最终输出写入 HDFS。

MapReduce 以函数方式进行分布式计算。Map 相对独立且并行运行，对存储系统中的文件按行处理，并产生键值对。Reduce 以 Map 的输出作为输入，相同 key 的记录汇聚到同一个 Reduce，Reduce 对这组中间结果进行操作，将中间结果相同的键进行合并及约简，并产生最终结果，即产生新的数据集，形式化描述如下。

$$\text{Map：}(k1,v1)\rightarrow\text{list}(k2,v2)$$
$$\text{Reduce：}(k2,\text{list}(v2))\rightarrow\text{list}(v3)$$

2.1.2　基于 MapReduce 的计算举例

基于 MapReduce 分布计算模型的形状计数全过程经过 Map 与 Reduce 两步计算，可以完成形状计数。如图 2-1 所示。

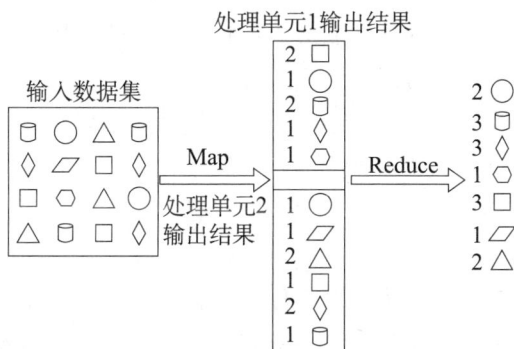

图 2-1　基于 MapReduce 的形状计数

2.2　基于 Hadoop 的分布计算

在 Hadoop 中，将每一次计算请求称为一个作业。一个作业可分为两个步骤完成，第一步，将其拆分成若干个 Map 任务，分配到不同的机器上去执行。每一个 Map 任务将输入文件的一部分作为自己的输入，经过一些计算，生成某种格式的中间文件，这种格式与最终所需的文件格式完全一致，但是仅仅包含一部分数据。因此，等到所有 Map 任务完成后，进入第二步，合并这些中间文件可获得最后的输出文件。此时，系统会生成若干个 Reduce 任务，同样也是分配到不同的机器去执行，其目标就是将若干个 Map 任务生成的中间文件汇总到最后的输出文件中去，这就是 Reduce 任务。经过如上步骤后，作业完成，生成了所需要的目标文件。该计算增加了一个中间文件生成的流程，大大提高了灵活性，使其分布式扩展性得到了保证。Hadoop 作业与任务的解释见表 2-1。

表 2-1　Hadoop 作业与任务的解释

Hadoop 术语	描述
作业（Job）	用户的每一个计算请求
任务（Task）	将作业拆分并由服务器来完成的基本单位
作业服务器（Master）	负责接受用户提交的作业、任务的分配和管理所有的任务的服务器
任务服务器（Worker）	负责执行具体的任务

2.2.1　作业服务器

在 Hadoop 架构中，作业服务器称为 Master。作业服务器负责管理运行在此框架下的所有作业，也是为各个作业分配任务的核心。Master 与 HDFS 的主控服务器类似，简化了负责的同步流程。执行用户定义操作的是任务服务器，每一个作业被拆分成多个任务，包括 Map 任务和 Reduce 任务等。任务是执行的基本单位，它们都需要分配到合适任务的服务器上去执行，任务服务器一边执行一边向作业服务器汇报各个任务的状态，以此来帮助作业服务器了解作业执行的整体情况，以及分配新的任务等。

除了作业的管理者与执行者之外，还需要一个任务的提交者，这就是客户端。与分布式文件系统一样，用户需要自定义所需要的内容，经由客户端相关的代码，将作业及其相关内容和配置提交给作业服务器，并随时监控执行的状况。

与分布式文件系统相比，MapReduce 框架还有一个特点就是可定制性强。文件系统中很多的算法都较为固定和直观，不会由于所存储的内容不同而有太多的变化。而作为通用的计算框架，其需要面对的问题则要更复杂。在不同的问题、不同的输入、不同的需求之间，很难存在一种通用的机制。MapReduce 框架一方面要尽可能地抽取出公共的需求并尽量实现，另一方面要能够提供良好的可扩展机制，满足用户自定义各种算法的需求。

2.2.2　计算流程

一个作业的计算流程如图 2-2 所示。

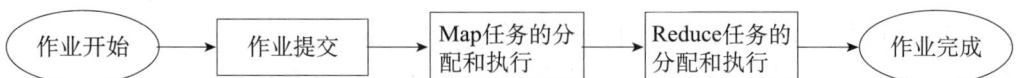

图 2-2　一个作业的计算流程

　　每个任务的执行包含输入的准备、算法的执行、输出的生成三个子步骤。沿着这个流程，可以清晰地了解整个 MapReduce 框架下作业的执行过程。

　　一个作业在提交之前需要完成所有配置，因为一旦将作业提交到了作业服务器上，就进入了完全自动化的流程。用户在提交代码阶段，需要做的主要工作是书写 Map 和 Reduce 的执行代码。

　　1. Map 任务的分配

　　当一个作业提交到了作业服务器上，作业服务器将生成若干个 Map 任务，每一个 Map 任务负责将一部分的输入转换成格式与最终格式相同的中间文件。通常一个作业的输入都是基于分布式文件系统的文件，而对于一个 Map 任务而言，它的输入是输入文件的一个数据块，或者是数据块的一部分，但通常不跨越数据块。因为一旦跨越数据块，就可能涉及多个服务器，会带来不必要的复杂性。

　　当一个作业从客户端提交到了作业服务器上，作业服务器将作业拆分成若干个 Map 任务后，会预先挂在作业服务器中的任务服务器拓扑树上，这是依照分布式文件数据块的位置来划分的。例如，一个 Map 任务需要用某个数据块，这个数据块有三个备份，那么在这三台服务器上都会挂上此任务，我们可以将其视为一个预分配。

　　任务分配是一个重要的环节，即将作业的任务分配到服务器上，其主要分为以下两个步骤。

　　(1) 选择作业之后，再在此作业中选择任务。与所有分配工作一样，任务分配也是一个复杂的工作。不好的任务分配可能导致网络流量增加、某些任务服务器负载过重及效率下降等。不仅如此，任务分配无一致模式，不同的业务背景需要不同的分配算法。当一个任务服务器期待获得新的任务时，其将按照各个作业的优先级，从最高优先级的作业开始分配，每分配一个，还为其留出余量，以备不时之需。例如，系统目前有优先级 3、2、1 的三个作业，每个作业都有一个可分配的 Map 任务，一个任务服务器来申请新的任务，它还有能力承载 3 个任务的执行，系统将先从优先级 3 的作业上取一个任务分配给它，然后留出一个任务的余量。此时，系统只能将优先级 2 作业的任务分配给此服务器，而不能分配优先级 1 的任务。这样的策略，基本思路就是一切为高优先级的作业服务。

　　(2) 确定了从哪个作业提取任务后，分配算法就会尽全力为此服务器分配尽可能好的任务，也就是说，只要还有可分配的任务，就一定会分给它，而不考虑后来者。作业服务器从离它最近的服务器开始，检测是否还挂着未分配的任务（预分配上的），从近到远，如果所有的任务都已分配，那么再检测有没有开启多次执行，如果已开启，需要将未完成的任务再分配一次。

　　对于作业服务器来说，把一个任务分配出去了，并不表明作业服务器工作完成。因为任务可能在任务服务器上执行失败，也可能执行缓慢，这都需要作业服务器帮助它们再执行一次。

　　2. Map 任务的执行

　　任务服务器向作业服务器汇报此时此刻其上各个任务执行的状况，并向作业服务器申请新的任务。

3. Reduce 任务的分配和执行

Reduce 任务的分配比 Map 任务的分配简单，当所有 Map 任务完成了，如果还有空闲的任务服务器，系统就为其分配一个 Reduce 任务。因为 Map 任务的结果分布广泛且频繁变化，设计一个全局优化的算法反而得不偿失。而 Reduce 任务的执行进程的构造和分配流程与 Map 基本一致，但 Reduce 任务与 Map 任务的最大不同是 Map 任务的文件都存储于本地，而 Reduce 任务需要到多处采集。作业服务器经由 Reduce 任务服务器，告诉 Reduce 任务正在执行的进程，此 Reduce 任务服务器与原 Map 任务服务器联系，通过 FTP 服务下载过来。

4. 作业完成

当所有 Reduce 任务都完成之后，所需数据都写入分布式文件系统，整个作业完成。

2.2.3 MapReduce 程序的执行过程

MapReduce 程序的执行过程如图 2 - 3 所示。

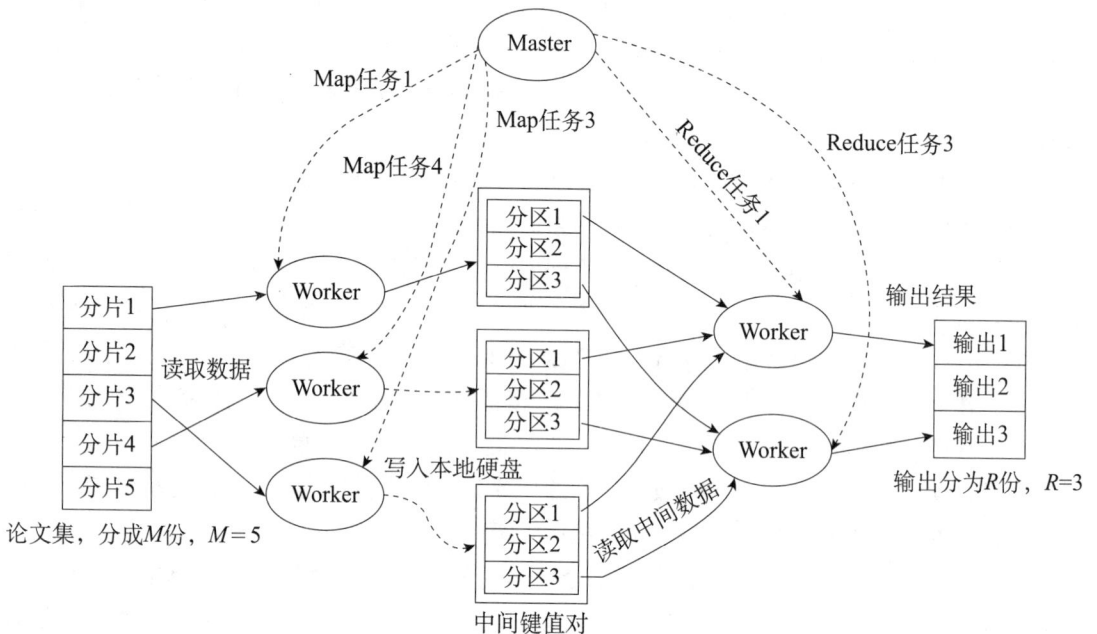

图 2 - 3 MapReduce 程序的执行过程

（1）用户程序中的 MapReduce 类库首先将输入文档分割成大小为 16 ~ 64 MB 的文件片段，用户也可以通过设置参数对其大小进行控制。随后，集群中的多个服务器开始执行多个用户程序的副本。

（2）由 Master 负责分配任务，分配的原则是 Master 选择空闲的 Worker 并为其分配一个 Map 任务或一个 Reduce 任务。

（3）被分配到 Map 任务的 Worker 读取对应文件片段，从输入数据中解析出键值对，并将其传递给用户定义的 Map 函数。由 Map 函数产生的键值对被存储在内存中。

（4）缓存的键值对被周期性写入本地硬盘，并被分成 R 个区域。这些缓存数据在本地硬盘上的地址被传递回 Master，由 Master 再将这些地址送到负责 Reduce 任务的 Master。

（5）当负责 Reduce 任务的 Master 得到 Master 关于上述地址的通知时，它使用远程过程调用从本地硬盘读取缓冲数据。随后 Worker 将所有读取的数据按键排序，使得具有相同键的键值对排在一起。

（6）对于每一个唯一的键，负责 Reduce 任务的 Worker 将对应的数据集传递给用户定义的 Reduce 函数，这个 Reduce 函数的输出被作为 Reduce 分区的结果添加到最终的输出档中。

（7）当所有的 Map 任务和 Reduce 任务都完成之后，Master 唤醒用户程序。此时，用户程序调用用户的代码返回结果。

MapReduce 模型通过将数据集的大规模操作分发给网络上的各节点，每个节点将已完成的工作和状态更新，周期性地报告给 Master。如果一个节点保持沉默超过一个预设的时限，主节点记录下这个节点状态为死亡，并把分配给这个节点的数据发到别的节点。每个操作使用原子操作以确保不会发生并行线程间的冲突，当文件被改名的时候，为了避免副作用，系统将它们复制到任务名以外的另一个名字上去。

由于化简操作并行能力较差，主节点尽量将化简操作调度在一个节点上，或者调度到离需要操作的数据尽可能近的节点上。这种做法适用于具有足够的带宽、内部网络没有那么多机器的情况。

MapReduce 的基本原理就是将大数据分成小块逐个分析，最后将提取出来的数据汇总分析，进而获得需要的结果。当然如何进行分块分析、如何进行 Reduce 操作是非常复杂的工作，Hadoop 已经提供了数据分析的实现环境，用户只需要编写简单的程序即可获得所需要的结果。

Map 和 Reduce 函数接收键值对。这些函数的每一个输出都是一样的，都是一个键和一个值，并将被送到数据流程的下一个键值列表。Map 针对每一个输入元素都要生成一个输出元素，Reduce 针对每一个输入列表都要生成一个输出元素。

一个银行有几亿个储户，如果银行希望找到最高的存储金额是多少，按照传统的计算方式的 Java 程序代码如下：

```
Long moneys[]...
Long max = 0L;
for(int i = 0;i < moneys.length;i + +){
if(moneys[i] > max){
max = moneys[i];
}
}
```

在上述程序中，使用数组长度 moneys［］表示储户数，如果储户数数值小，上述程序实现无问题，但是面对几亿个储户，需要大量的存储资源与计算资源，这时可以采用 MapReduce 计算模型，其解决的方法是：首先将数字分布存储在不同块中，以某几个块为一个 Map，计算出 Map 中最大的值，然后将每个 Map 中的最大值做 Reduce 操作，Reduce 再取最大值给用户，如图 2-4 所示。

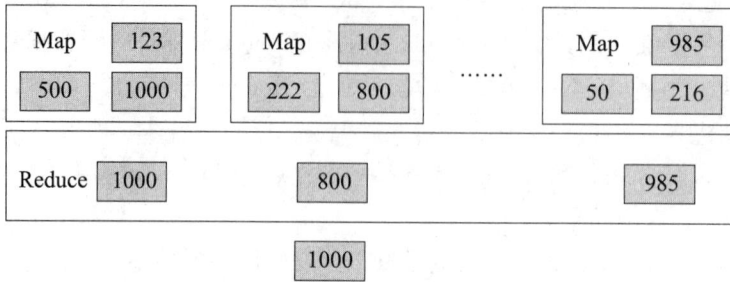

图 2-4　基于 MapReduce 模型的最大值的计算过程

MapReduce 是一个分布处理模型，其最大的优点是很容易扩展到多个节点上分布式处理数据。当以 MapReduce 形式设计好一个处理数据的应用程序，仅通过修改配置就可以将其扩展到多台计算机构成的集群中运行。

2.3　MapReduce 程序设计分析

MapReduce 借用函数式编程的思想，通过把海量数据集的常见操作抽象为 Map（映射过程）和 Reduce（聚集过程）两种集合操作，而不用过多考虑分布式相关的操作。

2.3.1　MapReduce 模型编程方法

MapReduce 是在总结大量应用的共同特点的基础上抽象出来的分布式计算框架，适用的应用场景往往具有一个共同的特点：任务可被分解成相互独立的子问题。基于该特点的 MapReduce 编程模型编程方法步骤如下。

（1）遍历输入数据，并将之解析成键值对（key,value）。

（2）将输入键值对（key,value）映射（Map）成另外一些键值对（key,value）。

（3）依据 key 对中间数据进行分组。

（4）以组为单位对数据进行约简（Reduce）。

（5）将最终产生的键值对（key,value）保存到输出文件中。

MapReduce 将计算过程分解成以上 5 个步骤带来的最大好处是组件化与并行化。为了实现 MapReduce 编程模型，Hadoop 设计了一系列对外编程接口，用户可通过实现这些接口完成应用程序的开发。

MapReduce 是一个可扩展的架构，通过切分块数据实现集群上各个节点的并发计算。理论上随着集群节点数量的增加，它的运行速度会线性上升，但在实际应用时要考虑到以下的一些限制因素：数据不可能无限切分，如果每份数据太小，那么它的开销就会相对变大；集群节点数目增多，节点之间的通信开销也会随之增大，而且网络也会有 Oversubscribe 的问题（机架间的网络带宽远远小于每个机架内部的总带宽），所以通常情况下如果集群的规模在百个节点以上，MapReduce 的速度可以和节点的数目成正比；超过这个规模，虽然它的运行速度可以继续提高，但不再以线性增长。

2.3.2　单词计数程序设计

在文本分析中，一般通过统计单词出现的次数，再利用可视化技术展现词云图，进而发现关键问题和热点。单词计数是 MapReduce 最典型的应用实例，MapReduce 程序的完整代码可以存储于 Hadoop 安装包的 "src/example" 目录下。

单词计数完成的主要功能是统计一系列文本文件中每个单词出现的次数。如图 2 – 5 所示，如果输入的数据分别是 "Hello Hadoop" 和 "Hello Storm"，通过 MapReduce 程序处理，可以得到（Hello,2）、（Hadoop,1）、（Storm,1）的输出结果。

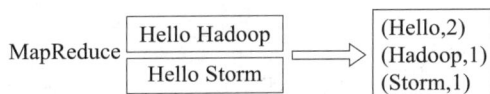

图 2 – 5　统计文本文件中每个单词出现的次数

1. 单词计数的 Map 过程

在 Map 过程中，需要继承 "org. apache. hadoop. mapreduce" 包中的 Mapper 类，并重写其 Mapper 方法。Mapper 方法中的 value 值存储的是文本文件中的一行记录（以回车符为结束标记），而 key 值为该行的首字符相对于文本文件的首地址的偏移量，然后使用 StringTokenizer 类将每一行记录拆分成多个单词（简称分词），并将统计每个单词出现的次数输出，即输出（单词，次数）列表。

（1）按行分割文件。将文件拆分成输入分片（简称 splits），由于测试使用的文件较小，所以可将每个文件假设为一个 split，并将文件按行分割成键值对（key,value），如图 2 – 6 所示。这一步由 MapReduce 框架自动完成，其中偏移量（key 值）包括了回车符所占的字符数。第 1 个文件有两行，第 1 行加上回车符和空格总计 12 个字符数，第 1 行的偏移量为 0，则第 2 行的偏移量为 12。同理，对于第 2 个文件，第 1 行的偏移量为 0，则第 2 行的偏移量为 13。输入数据分割结果如图 2 – 6 所示。

（2）分词处理。将分割后得到的键值对（key,value）交给用户定义的 Mapper 方法进行分词处理，生成新的键值对（key,value），如图 2 – 7 所示。

（3）排序与合并。获得 Mapper 方法输出分词的键值对（key,value）之后，Mapper 将其按照 key 值进行排序。再合并过程是将相同 key 值的 value 值累加，得到 Mapper 的最终输出结果，排序与合并过程如图 2 – 8 所示。

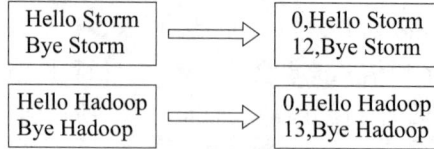

图 2-6　文件按行分割

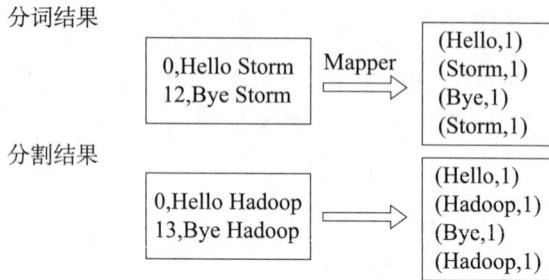

图 2-7　**Mapper** 方法的输入与输出

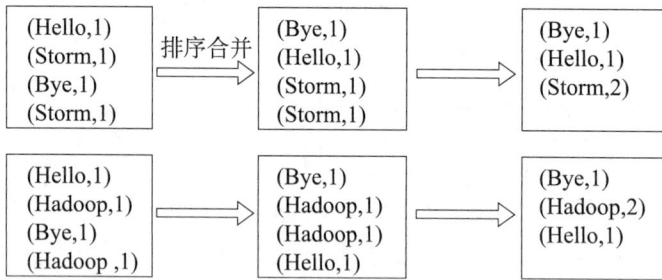

图 2-8　**Mapper** 的最终输出

2. 单词计数的 Reduce 过程

Reduce 首先对从 Map 接收的数据进行排序，再交由用户自定义的 Reduce 方法进行处理，得到新的键值对（key,value），并作为单词计数的结果输出，如图 2-9 所示。

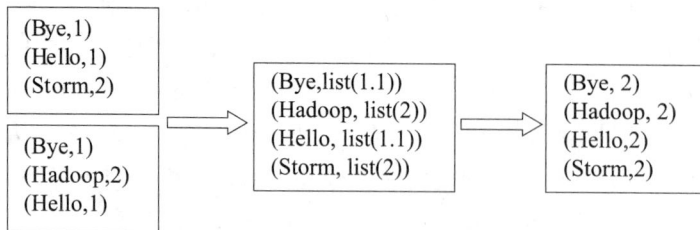

图 2-9　**Reduce** 输出

Reduce 过程需要继承"org. apache. hadoop. mapreduce"包中的 Reducer 类，并重写其

Reduce 方法。Reduce 方法的输入参数 key 为单个单词，而 value 是由各 Mapper 类上对应单词的计数值所组成的列表，所以只要遍历 value 并求和，即可得到某个单词出现的总次数。

3. WordCount 的程序结构

用户按照一定的规则指定程序的输入和输出目录，并提交到 Hadoop 集群中，作业在 Hadoop 中的执行过程如下所述。Hadoop 将输入数据切分成若干个 split，并将每个 split 交给一个 MapTask 处理。MapTask 不断地从对应的 split 中解析出一个个键值对（key, value），并调用 map（ ）函数处理，处理完之后根据 ReduceTask 个数将结果分成若干个分片写入本地硬盘；同时，每个 ReduceTask 从每个 MapTask 上读取属于自己的分片，然后使用排序的方法将 key 相同的数据聚集在一起，调用 reduce（ ）函数处理，并将结果输出到文件中。

MapReduce 由 Map 和 Reduce 两个阶段组成。用户只需要编写 map（ ）和 reduce（ ）两个函数就可以完成简单的分布式程序的设计。map（ ）函数以键值对（key, value）作为输入，产生另外一系列键值对（key, value）作为中间输出写入本地硬盘。MapReduce 框架会自动将这些中间数据按照 key 值进行聚集，将 key 值相同的数据统一交给 reduce（ ）函数处理。reduce（ ）函数以 key 及对应的 value 列表作为输入，经合并 key 相同的 value 值后，产生另外一系列键值对（key, value）作为最终输出写入 HDFS。

WordCount 完成的功能是统计输入文件中的每个单词出现的次数。在 MapReduce 中，编写（伪代码）的 Map 部分如下：

```
//key:字符串偏移量
//value:一行字符串内容
map(Stringkey,Stringvalue):
//将字符串分割成单词
words = SplitIntoTokens(value);
for each word w in words:
EmitIntermediate(w,"1");
```

Reduce 部分如下：

```
//key:一个单词
//values:该单词出现的次数列表
reduce(Stringkey,Iteratorvalues):
intresult = 0;
for each v in values:
result + = StringToInt(v);
Emit(key,IntToString(result));
```

在上述程序中，"//" 的内容为注释内容。

2.4 Hadoop 环境部署与程序运行

Hadoop 开发环境部署内容主要包括安装 SSH（Secure Shell，安全外壳）协议、安装 OpenJDK1.8 开发环境、Hadoop 系统部署、伪分布式 Hadoop 环境部署和 Eclipse 开发环境的使用方法。

2.4.1 安装 SSH 协议

1. SSH 协议配置

由于集群模式和单节点模式运行 Hadoop 系统都需要使用 SSH 登录，因此在安装 Hadoop 系统之前，首先需要安装配置 SSH 协议，其过程如下。

（1）在 Ubuntu 中打开终端，输入以下命令：

```
~ $ sudo apt-get install open ssh-server
```

（2）终端提示"您希望继续执行吗？［Y/N］"时，按"Y"键确认后，安装完毕。

（3）在终端中输入以下命令，在 SSH 中登录 localhost 账号：

```
~ $ sshlocalhost
```

（4）输入管理员密码。终端出现"Are you sure you want to continue connecting（yes/no）?"时，输入"yes"确认后，localhost 登录成功。

（5）在终端输入以下命令，可以退出 SSH 模式：

```
~ $ exit
```

2. SSH 无密码 localhost 自动登录配置

（1）在退出 SSH 模式的情况下，在终端输入以下命令进入主目录的".ssh"子目录：

```
~ $ cd ~ /.ssh/
```

（2）终端输入以下命令：

```
~ /.ssh $ ssh-keygen-trsa
```

对于后面的所有输入提示，都可直接按回车键确认通过。

（3）命令行出现如下命令，加入 localhost 的 SSH 自动授权：

```
~ /.ssh $ cat ./id_rsa.pub > > ./authorized_keys
```

经过上述处理之后，在终端输入"~$ sshlocalhost"命令，就不必每次输入密码，可以直接登录。

2.4.2　安装 OpenJDK1.8 开发环境

由于 Hadoop 基于 Java 语言开发，所以 Java 运行开发环境也是 Hadoop 大数据环境的必要基础，为了运行 Hadoop，必须首先安装 JDK 开发环境。OpenJDK1.8 的安装、配置及验证过程如下所述。

（1）在终端输入如下的 OpenJDK1.8 的安装命令：

```
~$ sudo apt-get install openjdk-8-jdk
```

终端出现"您希望继续执行吗？[Y/N]"时按"Y"键确认后，直至出现"done."则安装完成。

（2）终端输入以下命令查找已安装 OpenJDK1.8 的 bin 目录位置：

```
~$ dpkg-Lopenjdk-8-jdk | grep'/bin'
```

除去查找结果中路径"/bin"及之后的目录字符串，便是当前 JDK 的真实安装路径"/usr/lib/jvm/java-8-openjdk-amd64/"。

（3）下面开始配置 JAVA_HOME 环境变量，在退出 SSH 登录的情况下，在终端输入如下命令编辑主目录下的".bashrc"配置文件，按提示输入管理员密码确认继续：

```
~$ sudo gedit ~/.bashrc
```

（4）在 gedit 应用中编辑".bashrc"文件，在首行添加如下语句：

```
exportJAVA_HOME = /usr/lib/jvm/java-8-openjdk-amd64/
```

单击 gedit 右上按钮"保存"后再单击左上小按钮退出。在终端输入如下命令使编辑过的".bashrc"配置文件生效：

```
$ source ~/.bashrc
```

（5）检测 OpenJDK1.8 安装及 JAVA_HOME 环境变量设置成功与否，可在终端输入如下命令：

```
~$ cd $JAVA_HOME
/usr/lib/jvm/java-8-openjdk-amd64 $ java-version
```

显示出以下信息表示 JAVA 环境测试验证成功：

```
openjdk version"1.8.0_102"
OpenJDK Runtime Environment(build1.8.0_102-8u102-b14.1-2-b14)
OpenJDK 64-Bit Server VM(build25.102-b14,mixed mode)
```

2.4.3 Hadoop 系统部署

1. 安装 Hadoop

（1）完成安装 SSH 协议、安装 OpenJDK1.8 开发环境之后，可以进行 Hadoop 系统部署。稳定版的 Hadoop 环境文件包可以从网址"http：//mirror. bit. edu. cn/apache/hadoop/common/stable/"中下载"hadoop-2. *. *. tar. gz"。

（2）在终端，使用如下命令将"/media/sf_ wensenshare/"下的共享"hadoop-2. 7. 3. tar. gz"解压到"/usr/local/"目录下（按提示输入管理员密码确认继续）：

```
~ $ sudo tar -zxf/media/sf_wensenshare/hadoop-2.7.3.tar.gz-C/usr/local
```

（3）在终端，输入如下系列命令以修改 Hadoop 目录名和拥有者权限：

```
~ $ cd/usr/local/
/usr/local $ sudomv./hadoop-2.7.3/./hadoop
/usr/local $ sudo chown-Rhadoop./hadoop
```

（4）终端中继续输入以下命令可以测试 Hadoop 是否安装成功：

```
/usr/local $ cd/usr/local/hadoop
/usr/local/hadoop $./bin/hadoop version
```

终端返回"Hadoop2. 7. 3"起的首字符串，表明 Hadoop 在虚拟机的 Linux 环境下初步部署成功。

在终端，执行如下命令在 Hadoop 主目录下建立 input 目录：

```
/usr/local/hadoop $mkdirinput
```

在终端，执行用 gedit 创建并编辑 input 目录下的"World. txt"文件的命令如下：

```
/usr/local/hadoop $ sudo gedit./input/World.txt
```

2. 程序运行举例

（1）在 gedit 编辑器中输入以下内容：

```
Hello World
Bye World
```

（2）保存"World. txt"文件并退出 gedit，回到终端。

又如在终端，使用 gedit 创建并编辑 input 目录下的"Hadoop. txt"文件命令如下：

```
/usr/local/hadoop $ sudo gedit ./input/Hadoop.txt
```

（3）在 gedit 编辑器中输入以下内容：

```
Hello Hadoop
Bye Hadoop
```

（4）保存"Hadoop. txt"文件并退出 gedit，回到终端。至此 Hadoop 测试待处理数据文档已准备好。

利用 Hadoop 中自带的 MapReduce 范例中的字词统计样例测试 Hadoop 的单机运行效果。在终端执行如下命令，运行 Hadoop 包自带的 MapReduce 范例中的 WordCount 处理单词计数任务：

```
/usr/local/hadoop $ ./bin/hadoop jar ./share/hadoop/mapreduce/hadoop-ma-
preduce-examples-2.7.3.jar wordcount ./input ./output
```

上述的 Hadoop 的命令说明：运行 jar 文件。用户可以把他们的 MapReduce 代码捆绑到 jar 文件中，使用这个命令运行 MapReduce 代码。

例如，在集群上运行 WordCount 程序的 Hadoop 命令如下：

```
hadoop jar /home/hadoop/hadoop-1.1.1/hadoop-examples.jar wordcount inputout-
put
```

其中 hadoopjar：执行 jar 命令。

/home/hadoop/hadoop-1.1.1/hadoop- examples. jar：WordCount 所在 jar。

wordcount：程序主类名。

inputoutput：输入/输出文件夹。

图 2－10 所示的是成功执行单词计数任务后，在终端中自动显示的 Hadoop 运行信息。

要查看单词统计结果在终端输入如下命令：

```
/usr/local/hadoop $ cat ./output/*
```

于是在终端可以看到如下正确的单词统计结果：

```
Bye       2
Hadoop    2
Hello     2
World     2
```

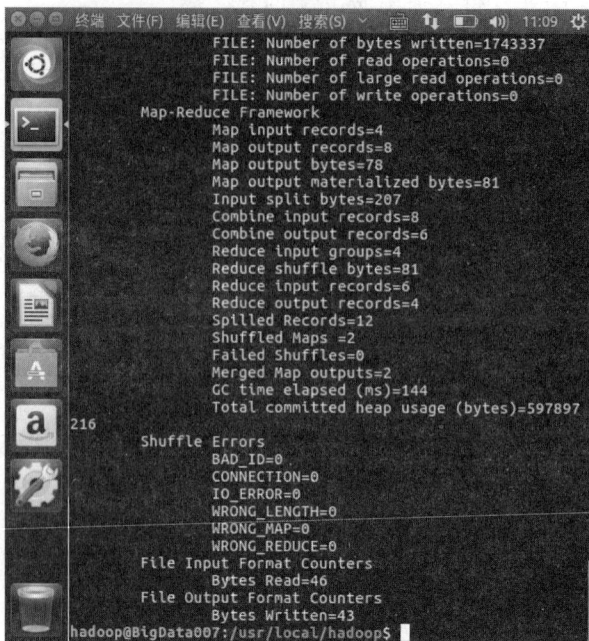

图 2 - 10 Hadoop 运行信息

如果要再次执行测试 Hadoop 的单词统计样例，需要在终端执行如下命令删除 output 子目录：

```
/usr/local/hadoop $ rm-r. /output
```

2.4.4 伪分布式 Hadoop 环境部署

在 Hadoop 应用中，系统通过多节点访问 Hadoop 分布式文件系统 HDFS 中的数据来运行，因此，需要通过配置来实现 Hadoop 在单一的 Linux 虚拟机中的伪分布式模式。在这种情况下，Hadoop 进程以分离的 Java 进程来运行，虚拟机既可作为名字节点，也可作为数据节点，同时读写 HDFS 中的文件。

修改 Hadoop 的配置文件，它们位于如下路径：/usr/local/hadoop/etc/hadoop/。

（1）修改配置文件"core-site. xml"。为了修改配置文件"core-site. xml"，在终端执行如下命令：

```
/usr/local/hadoop $ sudo gedit. /etc/hadoop/core-site.xml
```

输入管理员密码确认后进入 gedit 编辑界面，将文件最后的

```
<configuration >
</configuration >
```

修改为

```
< configuration >
  < property >
  < name > hadoop.tmp.dir < /name >
  < value > file:/usr/local/hadoop/tmp < /value >
  < description > Abaseforothertemporarydirectories. < /description >
  < /property >
  < property >
  < name > fs.defaultFS < /name >
  < value > hdfs://localhost:9000 < /value >
  < /property >
< /configuration >
```

修改完毕，保存后退出 gedit，完成"core- site. xml"配置。

（2）修改配置文件"hdfs-site. xml"。为了修改配置文件"hdfs-site. xml"，在终端执行如下命令：

```
/usr/local/hadoop $ sudo gedit./etc/hadoop/hdfs-site.xml
```

输入管理员密码确认后进入 gedit 编辑界面，将文件最后的

```
< configuration >
< /configuration >
```

修改为

```
< configuration >
  < property >
    < name > dfs.replication < /name >
    < value > 1 < /value >
  < /property >
  < property >
    < name > dfs.namenode.name.dir < /name >
    < value > file:/usr/local/hadoop/hdfs/name < /value >
  < /property >
  < property >
    < name > dfs.datanode.data.dir < /name >
    < value > file:/usr/local/hadoop/hdfs/data < /value >
  < /property >
< /configuration >
```

修改完毕，保存后退出 gedit，完成"hdfs- site. xml"配置。

（3）修改配置文件"hadoop-env. sh"。为了修改配置文件"hadoop-env. sh"，在终端执行如下命令：

```
/usr/local/hadoop $ sudo gedit./etc/hadoop/hadoop-env.sh
```

输入管理员密码确认后，进入 gedit 编辑界面，找到文件这行内容

```
exportJAVA_HOME = ${JAVA_HOME}
```

将其修改为

```
exportJAVA_HOME = /usr/lib/jvm/java-8-openjdk-amd64/
```

修改完毕，保存后退出 gedit。

（4）格式化 NameNode。在终端执行如下命令，完成 NameNode 的格式化：

```
/usr/local/hadoop $ ./bin/hdfsnamenode-format
```

格式化成功后，在终端返回信息中将看到包含"successfully formatted"和"Exitting with status 0"的提示。

（5）开启 NameNode 和 DataNode 守护进程。在终端中输入以下命令开启 NameNode 和 DataNode 守护进程：

```
/usr/local/hadoop $ ./sbin/start-dfs.sh
```

当终端出现"Are you sure you want to continue connecting（yes/no）？"时，输入"yes"确认。

（6）可以通过在终端中执行如下命令来判断节点是否启动成功：

```
/usr/local/hadoop $ jps
```

节点启动成功后终端显示如图 2 - 11 所示。

图 2 - 11　节点启动成功

在实验时，终端返回信息中 NameNode 等前面的数字可能与截图结果不同，但仍然表示节点启动成功，只有当返回信息仅有 jps 一行时，则表示启动失败。

（7）运行的单词统计范例是在 Hadoop 单机模式运行、读写本地数据，伪分布式读取的

则是 HDFS 上的数据，在终端输入如下命令，创建包含于用户目录下的单词统计输入目录：

```
/usr/local/hadoop $ ./bin/hdfsdfs-mkdir-p/user/hadoop/wordcount/input
```

本阶段 Hadoop 处理分布式存储系统 HDFS 的 Linux 有关文件操作命令都需要添加
"./bin/hdfsdfs-"前缀。

（8）将本机实验数据上传到 HDFS 新建的单词统计输入目录中，在终端输入以下命令：

```
/usr/local/hadoop $ ./bin/hdfsdfs-put./input/*.txtwordcount/input
```

此处本地目录和 HDFS 目录都使用相对路径表示，即"/usr/local/hadoop"是目前本地命
令运行目录，所以"./input/*.txt"可代表绝对路径"/usr/local/hadoop/input"目录下上一
次实验准备的所有 txt 文档数据。同时在 HDFS 文件系统中默认用户目录为"/user/hadoop/"，
所以"wordcount/input"可代表 HDFS 中"/user/hadoop/wordcount/input"的绝对路径。我们
可以使用 ls 命令查看确认实验数据已上传到 HDFS 对应的文件目录中，其终端命令如下：

```
/usr/local/hadoop $ ./bin/hdfsdfs-lswordcount/input
```

（9）在终端输入以下命令实现单词计数在 Hadoop 伪分布式模式下的处理：

```
/usr/local/hadoop $ ./bin/hadoopjar./share/hadoop/mapreduce/hadoop-mapre-
duce-examples-2.7.3.jar wordcount wordcount/input wordcount/output
```

成功执行单词计数任务后的终端里自动显示的 Hadoop 运行信息同上一个实验类似，只
是处理数据的输入/输出都是在 HDFS 分布式文件系统中。

查看单词统计结果，在终端输入如下命令：

```
/usr/local/hadoop $ ./bin/hdfsdfs-catwordcount/output/*
```

在终端可以看到如下的单词统计结果：

```
Bye       2
Hadoop    2
Hello     2
World     2
```

2.4.5　Eclipse 开发环境的使用方法

在 MapReduce 组件中，官方提供了一些样例程序，其中著名的就是 WordCount 程序和
PI 程序。这些 MapReduce 序的代码都在"hadoop-mapreduce-examples-2.6.4.jar"包中，这

个 jar 包在 Hadoop 安装目录下的"/share/hadoop/mapreduce/"目录中，下面介绍在 Eclipse 中编写与运行 Hadoop 项目的方法。

（1）在 Eclipse 界面左上角单击加号状的"New"小图标，在向导对话框选择"Map/Reduce Project"，单击"Next"按钮继续，如图 2－12 所示。

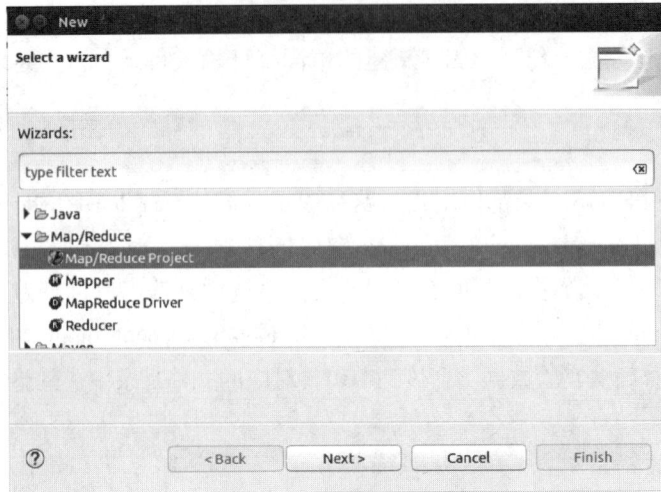

图 2－12　向导对话框

在后续向导对话框填写 wordcount 自定义项目名称，其他默认，最后单击"Finish"按钮创建项目，向导已自动将 Hadoop 应用所需要的扩展库添加进来。

（2）点开 Eclipse 界面左边栏的"wordcount"项目，选中"src"文件夹，单击鼠标右键弹出菜单，依次选择"New"→"Class"，如图 2－13 所示。

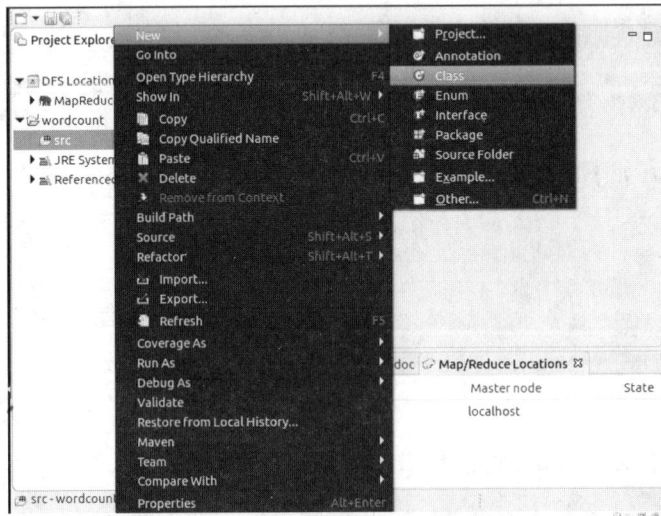

图 2－13　选择"New"→"Class"

在如图 2 - 14 所示的 "New Java Class" 对话框中将 "Package" 设置为 "org. wensenbig-data. hadoop. examples"，将 "Name" 设置为 "WordCount"，单击 "Finish" 按钮，项目运行的 Java 主程序得以创建。

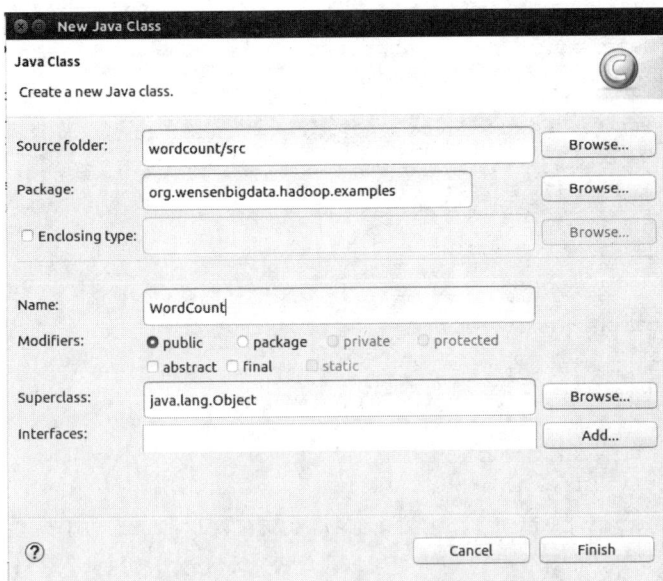

图 2 - 14　"New Java Class" 对话框

（3）在 Eclipse 中编辑创建的 "WordCount. java" 文件，将如下代码添加到其中：

```java
importjava.io.IOException;
importjava.util.StringTokenizer;

importorg.apache.hadoop.conf.Configuration;
importorg.apache.hadoop.fs.Path;
importorg.apache.hadoop.io.IntWritable;
importorg.apache.hadoop.io.Text;
importorg.apache.hadoop.mapreduce.Job;
importorg.apache.hadoop.mapreduce.Mapper;
importorg.apache.hadoop.mapreduce.Reducer;
importorg.apache.hadoop.mapreduce.lib.input.FileInputFormat;
importorg.apache.hadoop.mapreduce.lib.output.FileOutputFormat;
importorg.apache.hadoop.util.GenericOptionsParser;

public class WordCount{
    /**
```

```
* 建立 Mapper 类 TokenizerMapper 继承自泛型类 Mapper
* Mapper 类是实现 Map 功能基类
* /
public static class TokenizerMapper
extends Mapper < Object, Text, Text, IntWritable > {
/ **
* IntWritable, Text 均是 Hadoop 中实现用于封装 Java 数据类型的类,这些类实现了 Writable
* Comparable 接口,都能够被串行化,从而便于在分布式环境中进行数据交换,可以将它们分别视为
* int 及 String 的替代品
* 声明 one 常量和用于存放单词的 word 变量
* /
private final static IntWritableone = new IntWritable(1);
private Text word = newText();
/ **
* Mapper 中的 map 方法:
* voidmap(K1key, V1value, Contextcontext)
* 映射一个单个的输入键值对(key, value)到一个中间的键值对(key, value)
* 输出对不需要和输入对是相同的类型,输入对可以映射到 0 个或多个输出对
* Context:收集 Mapper 输出的键值对(key, value)
* Context 的 write(k, v)方法:增加一个键值对(key, value)到 context
* 主要编写 Map 和 Reduce 函数,这个 Map 函数使用 StringTokenizer 函数对字符串进行分隔,通过
* write 方法把单词存入 word 中
* write 方法存入(单词,1)这样的二元组到 context 中
* /
public void map(Objectkey, Textvalue, Contextcontext
)throws IOException, Interrupted Exception{
StringTokenizer itr = new StringTokenizer(value.to String());
while(itr.hasMoreTokens()){
word.set(itr.nextToken());
context.write(word, one);
}
}
}

public static class IntSumReducer
extends Reducer < Text, IntWritable, Text, IntWritable > {
private IntWritable result = new IntWritable();
/ **
```

```
*Reducer 类中的 reduce 方法:
* voidreduce(Textkey,Iterable < IntWritable > values,Contextcontext)
* 中的(k,v)来自 map 函数中的 context,可能经过了进一步处理(combiner),同样通过 context
* 输出
*/
public void reduce(Textkey,Iterable < IntWritable > values,
Context context
)throwsIOException,InterruptedException{
//输入参数 key 为单个单词
//输入参数 Iterable < IntWritable > values 为各个 Mapper 上对应单词的计数值所组成的列表
int sum = 0;
or(IntWritableval:values){   //遍历求和
sum + = val.get();
}
result.set(sum);   //输出求和后的键值对(key,value)
context.write(key,result);
}
}


public static void main(String[]args)throwsException{
/**
*Configuration:MapReduce 的配置类,向 Hadoop 框架描述 MapReduce 执行的工作
*运行 MapReduce 程序前都要初始化 Configuration,该类主要是读取 MapReduce 系统配置信息,
*这些信息包括 HDFS 和 MapReduce,也就是安装 Hadoop 时候的配置文件,例如,"core-site.xml"
* "hdfs-site.xml" 和 "mapred-site.xml" 等文件里的信息
*/
Configurationconf = newConfiguration();
String[]otherArgs = newGenericOptionsParser(conf,args).getRemainingArgs();
if(otherArgs.length < 2){
System.err.println("Usage:wordcount < in > [ < in > ...] < out >");
System.exit(2);
}

Jobjob = Job.getInstance(conf,"wordcount");   //设置一个用户定义的 job 名称
job.setJarByClass(WordCount.class);
job.setMapperClass(TokenizerMapper.class);   //为 job 设置 Mapper 类
job.setCombinerClass(IntSumReducer.class);   //为 job 设置 Combiner 类
job.setReducerClass(IntSumReducer.class);   //为 job 设置 Reducer 类
job.setOutputKeyClass(Text.class);   //为 job 的输出数据设置 Key 类
```

```
job.setOutputValueClass(IntWritable.class);  //为job输出设置Value类
for(int i=0;i<otherArgs.length-1;++i){      //为job设置输入路径,构建输入的数据文件
FileInputFormat.addInputPath(job,new Path(otherArgs[i]));
}

Path outputPath=new Path(otherArgs[otherArgs.length-1]);
                                       //如果输出的路径存在则删除
outputPath.getFileSystem(conf).delete(outputPath);

FileOutputFormat.setOutputPath(job,outputPath);
                                       //为job设置输出路径,构建输出的数据文件

System.exit(job.waitForCompletion(true)?0:1);//执行job任务,执行成功后退出
}
}
```

（4）重开一个终端窗口，将"2.4.4　伪分布式 Hadoop 环境部署"中（1）、（2）设置好的"core – site. xml""hdfs – site. xml"同目录下的"log4j. properties"等 Hadoop 分布式配置文件复制到当前项目中，在当前目录"/usr/local/hadoop"终端中输入以下命令：

```
$ cp./etc/hadoop/core-site.xml/home/hadoop/eclipse-workspace/wordcount/src/
$ cp./etc/hadoop/hdfs-site.xml/home/hadoop/eclipse-workspace/wordcount/src/
$ cp./etc/hadoop/log4j.properties/home/hadoop/eclipse-workspace/wordcount/src/
```

在 Ubuntu 界面的左边栏单击 Eclipse 图标切换回来，选中"wordcount"项目下的"src"目录，单击鼠标右键，在弹出的菜单中选中"Refresh"，如图 2 – 15 所示。确定后，可看到三个配置文件已添加到项目中。

（5）回到 Eclipse 界面，选中"WordCount. java"文件，单击鼠标右键，在弹出的菜单中选中"Run As"→"Run Configurations"，如图 2 – 16 所示。

在系统弹出如图 2 – 17 所示的"Run Configurations"对话框中双击左边栏的"Java Application"，单击次级的"WordCount"项，在右侧切换到"Arguments"属性页，在"Program arguments"中填写项目"wordcount \ input wordcount \ output"，确定后单击"Apply"按钮，待其变灰后单击"Close"按钮。

（6）回到 Eclipse 界面，选中"WordCount. java"文件，单击鼠标右键，在弹出的菜单中选中"Run As"→"Run on Hadoop"，如图 2 – 18 所示。

在 Eclipse 界面中成功运行项目，如图 2 – 19 所示，右上方是从"Map/Reduce Locations"打开的单词计数结果，右下方是 Hadoop 运行情况显示。

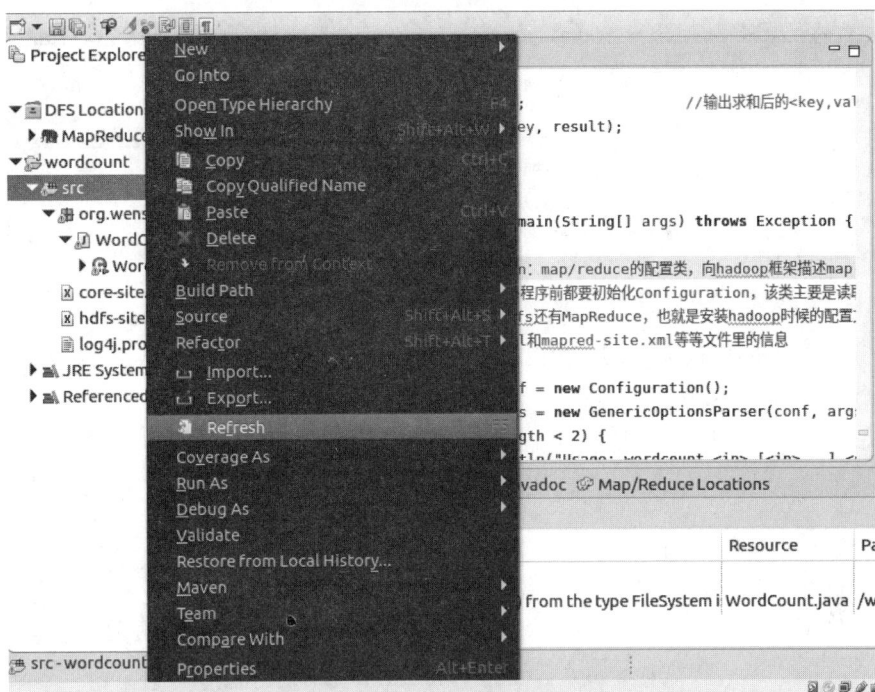

图 2 - 15　"wordcount"项目下的"src"目录

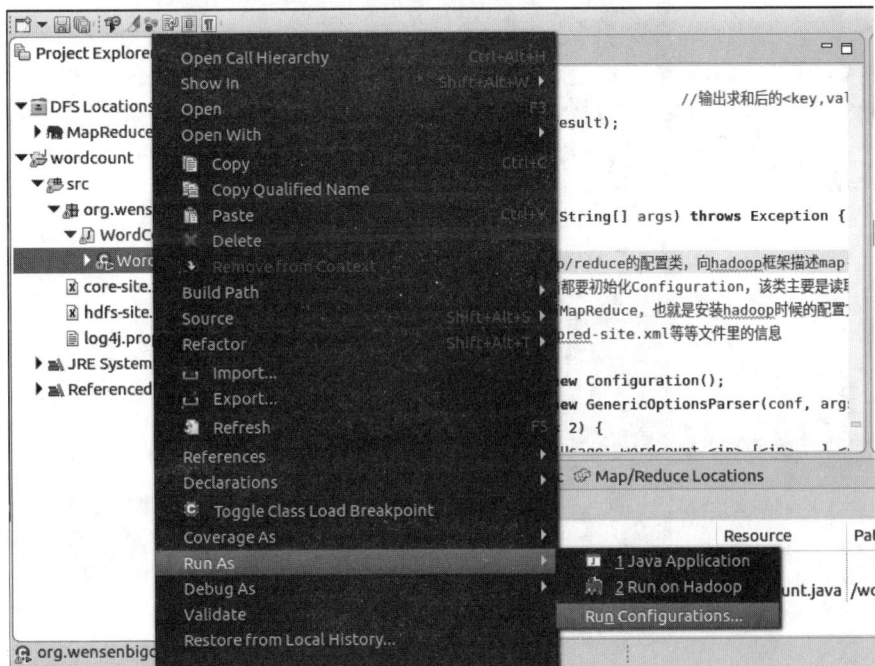

图 2 - 16　选中"Run As"→"Run Configurations"

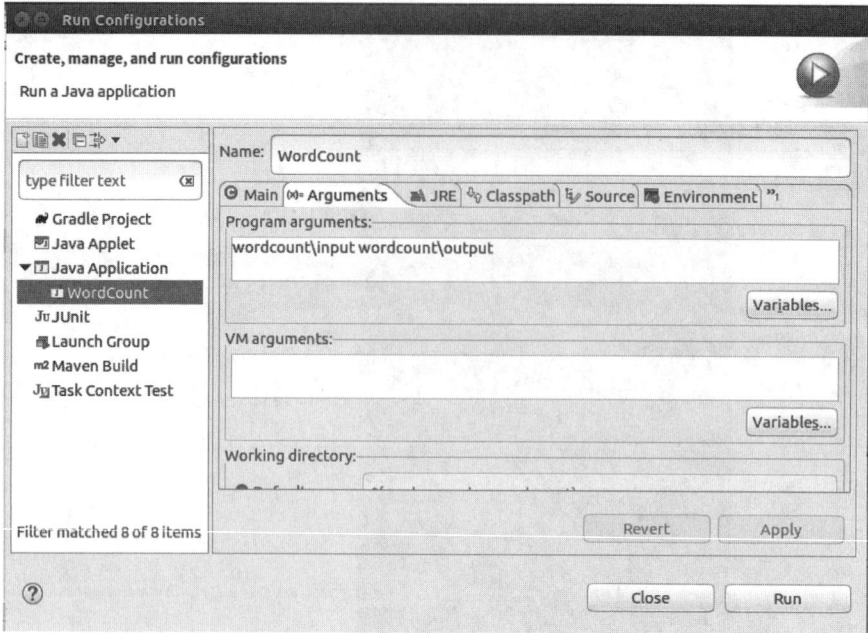

图 2-17 "Run Configurations" 对话框

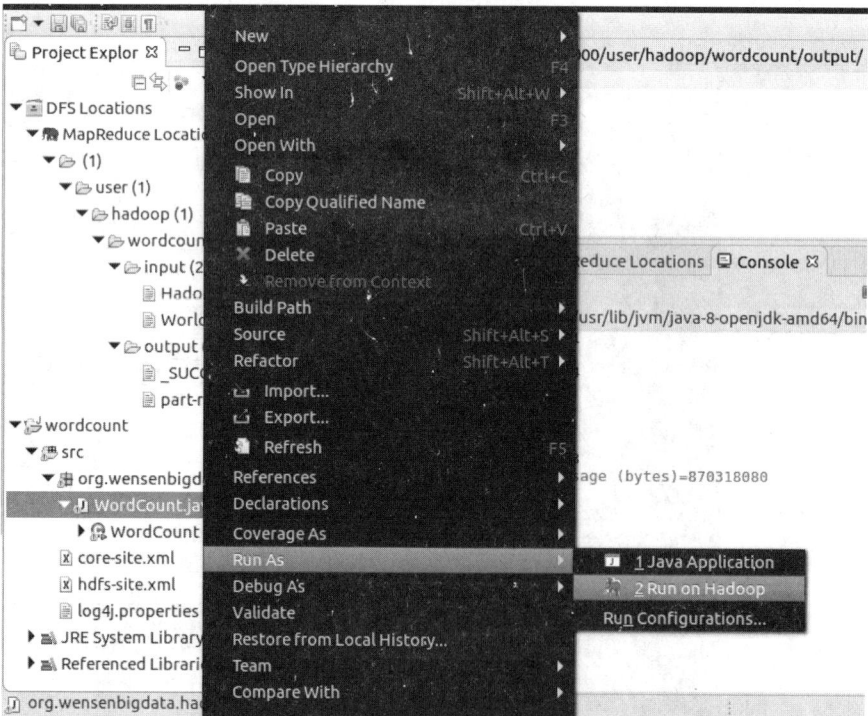

图 2-18 选中"Run As" → "Run on Hadoop"

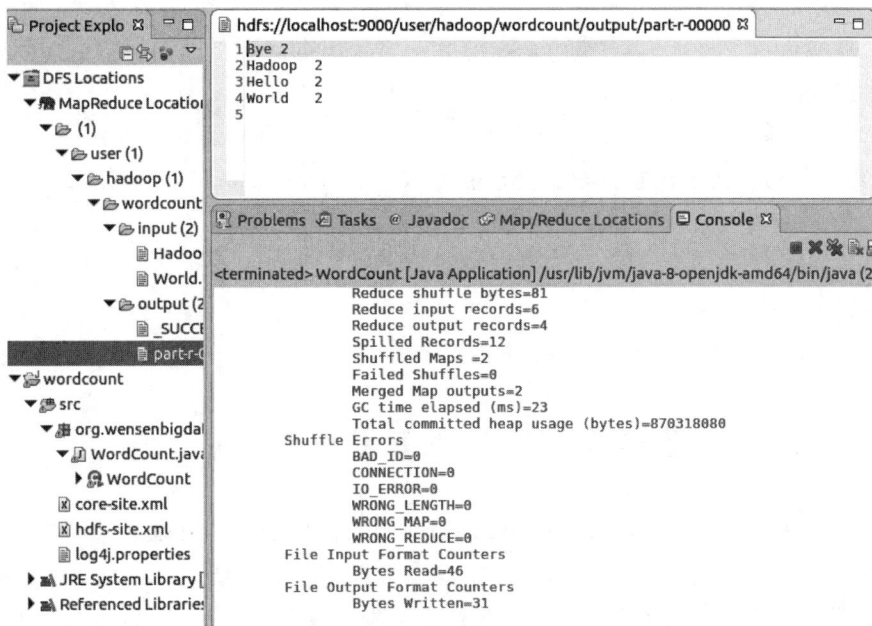

图 2-19　项目成功运行界面

本章小结

　　算法是计算机科学的基石。任何一个计算问题的分析与挖掘，几乎都可以归为算法问题。MapReduce 模型是针对大规模数据处理而提出的分布编程模型，主要应用于大规模数据集的分布并行运算。本章主要介绍了函数式编程范式中的 Map 函数和 Reduce 函数、MapReduce 分布式计算模型的体系结构，以及 MapReduce 编程实例等。通过本章内容的学习和本章的课程实验的实践，学生能够掌握基于 MapReduce 分布编程模型设计的应用程序和运行的基本过程。

习　题

一、选择题

1. MapReduce 模型适于（　　）计算。

　　A. 实时　　　　　　　B. 在线　　　　　　　C. 离线　　　　　　　D. 流式

2. 批量计算技术属于（　　）计算技术。

　　A. 离线　　　　　　　B. 在线　　　　　　　C. 流式　　　　　　　D. 在线

3. 离线计算模式中的已知数据存储于（　　）。

　　A. 内存　　　　　　　B. 硬盘　　　　　　　C. 高速缓冲存储器　　D. 闪存

4. 每一次计算请求称为（　　）。

　　A. 线程　　　　　　　B. 进程　　　　　　　C. 任务　　　　　　　D. 作业

5. 数据分片是由（　　）完成的。

  A. Hadoop   B. Map 函数   C. Reduce 函数   D. NoSQL

二、判断题

1. Hadoop 处理平台能够完成在线处理。（　　）

2. 离线数据处理技术比在线数据处理技术成熟，MapReduce 分布编程模型是一种三层计算，核心问题就是利用并行化解决大数据量或大计算量的问题。（　　）

3. MapReduce 计算将数据存储到内存中，然后对存储在硬盘中的静态数据进行集中计算。（　　）

4. MapReduce 计算能够完成实时计算。（　　）

实验 2　Hadoop 开发环境部署

Hadoop 是一个能够对大数据进行分布式处理的软件架构，其可以通过可靠、高效、可伸缩的方式进行数据处理。Hadoop 技术是推动大数据应用的重要引擎之一，可以使用该技术收集、清洗和分析大量结构化、半结构化和非结构化数据。运行环境部署是一项技术要求较高，但必须掌握的技术。Hadoop 是大数据分布式处理平台，在大数据离线处理方面，尤其是批处理中得到了广泛的应用。

1. 实验目的

通过 Hadoop 环境部署实验练习，学生可以掌握 Hadoop 系统安装方法、伪分布式 Hadoop 的安装方法和 Eclipse 开发环境的安装具体过程与使用方法，并能够灵活运用，进而为解决大数据分析问题奠定环境构建与部署的基础，不仅为后续的基于 Hadoop 环境的各个实验建立基础，而且可以提高工程实践能力。

2. 实验要求

在理解本实验相关理论的基础上制订安装计划，独立完成 Hadoop 开发环境部署过程，主要内容如下所述。

（1）制订安装计划。

（2）安装 SSH 协议。

（3）安装 OpenJDK 1.8 开发环境。

（4）Hadoop 系统部署。

（5）伪分布式 Hadoop 环境部署。

（6）Eclipse 开发环境的安装。

3. 实验内容

（1）制订实验计划。

（2）完成 SSH 协议安装。

（3）完成 OpenJDK 1.8 安装。

（4）完成 Hadoop 系统部署。

（5）完成伪分布式 Hadoop 环境部署。

（6）完成 Eclipse 开发环境的安装。

4. 实验总结

通过本实验，使学生了解 Hadoop 的特点和总体结构，理解 MapReduce 程序的执行过程，掌握伪分布式 Hadoop 的安装方法和 Eclipse 开发环境的安装与使用方法。

5. 思考拓展

（1）为什么需要安装 SSH 协议？说明 SSH 协议功能及安装方法。

（2）为什么需要安装 OpenJDK 1.8 软件？说明 OpenJDK 1.8 功能及安装方法。

（3）结合 MapReduce 程序执行过程，说明其并行处理的特性。

（4）结合 Hadoop 的处理过程，说明其离线处理特点。

（5）说明分布式 Hadoop 处理与伪分布式 Hadoop 处理的区别。

（6）说明 Eclipse 开发环境的优势。

第3章 大数据获取与存储管理

知识结构图

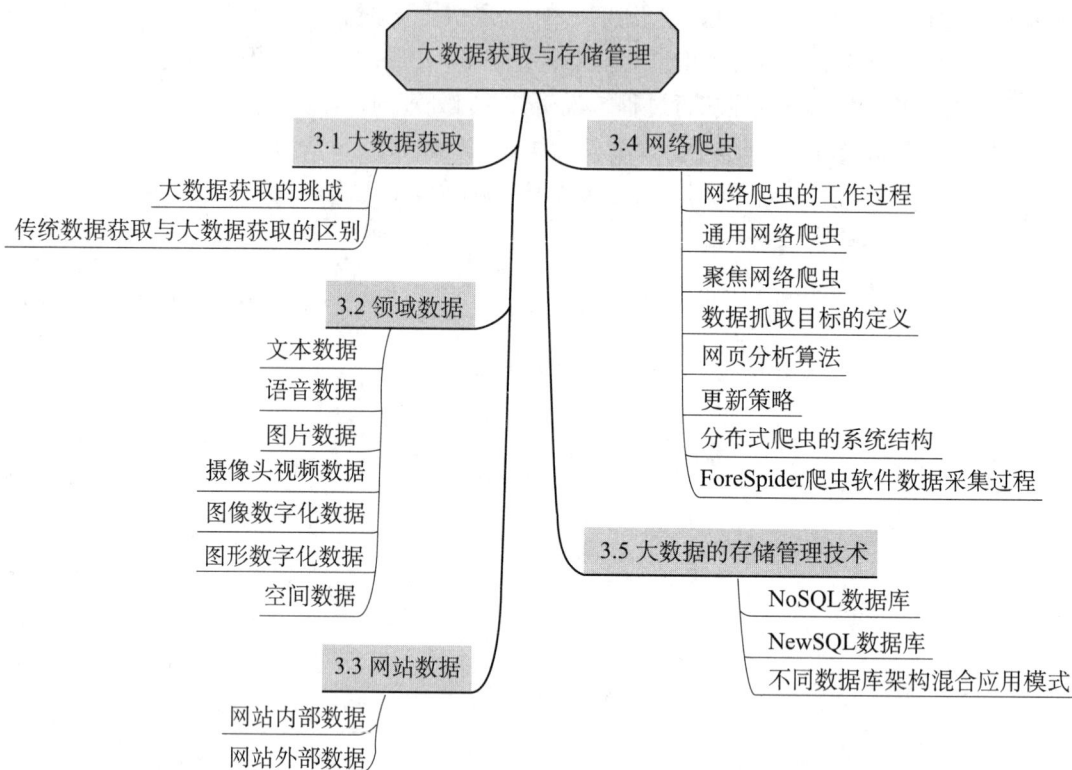

学习目标

- 掌握：网站数据获取方法、分布式文件系统的使用。
- 理解：大数据获取概念、大数据存储管理。
- 了解：领域数据、NoSQL 数据库和 NewSQL 数据库。

3.1 大数据获取

获取的数据是指已被转换为电信号的各种物理量，如温度、水位、风速、压力等，这些物理量可以是模拟量，也可以是数字量。获取方式一般是采样方式，采样频率遵循奈奎斯特采样定理。当采样频率大于信号中最高频率的 2 倍时，采样之后的数字信号能够完整地保留原始信号中的信息，进而减少数据量。

3.1.1　大数据获取的挑战

大数据获取又称为大数据采集，其是利用数据获取工具，从系统外部获取数据，并存入系统内部的存储资源。在各个领域，数据获取技术应用广泛，如摄像头、麦克风和传感器等都是经常使用的大数据获取工具。大数据获取的挑战主要包括以下几个方面。

（1）面对数据源多种多样。

（2）面对数据量巨大。

（3）面对数据变化快。

（4）保证数据获取的可靠性。

（5）避免重复数据。

（6）保证数据的真实性。

3.1.2　传统数据获取与大数据获取的区别

传统数据获取与大数据获取的区别见表 3 - 1。

表 3 - 1　传统数据获取与大数据获取的区别

比较项目	传统数据获取	大数据获取
数据来源	数据来源单一	数据来源广泛
数据量	数据量相对较小	数据量巨大
数据类型	结构单一	包括结构化数据、半结构化数据和非结构化数据
使用数据库	关系数据库和并行数据库	NoSQL 数据库、NewSQL 数据库和 SQL（Structured Query Language，结构化查询语言）数据库

从表 3 - 1 中可以看出，传统数据获取来源单一，且存储、管理和分析数据量也相对较小，采用关系数据库和并行数据库可以完成处理。在依靠并行计算提升数据处理速度方面，并行数据库技术追求高度一致性和容错性，根据 CAP 理论[①]，系统难以同时满足一致性、可用性和分区容错性，而数据获取则使用了 NoSQL 数据库、NewSQL 数据库和 SQL 数据库。

3.2　领域数据

领域数据即各领域产生的数据，常见的领域数据如下。

（1）统计数据：统计年鉴数据、人口数据、产业数据、气候数据和用地数据等。

---

① CAP 理论：一个分布式系统不可能同时满足一致性、可用性和分区容错性三个系统需求，最多只能同时满足两个系统需求。

（2）基础地图数据：河流水系数据、行政边界数据、各级道路数据和绿化植被数据等。

（3）交通传感数据：公交 IC 卡（Integrated Circuit Card，集成电路卡）数据、专车 GPS 数据和长途客物流数据等。

（4）互联网数据：POI（Point of Interest，兴趣点）数据、街景数据、社交网络数据、人流和车流数据，以及 OSM（Open Street Map，开源地图）数据等。

（5）民生数据：电商数据、医疗数据和超市购物数据等。

（6）遥感测绘数据：地质水文数据、遥感影像数据和地形地貌数据等。

（7）智慧设施数据：用电数据、用水数据和通信网络数据等。

（8）移动设备数据：手机信令数据、移动 APP 定位数据和其他移动终端数据等。

3.2.1 文本数据

文本数据包括广告、杂志、报纸和图书等多种形式的数据，要求获取工具的灵活度高、速度快，可以根据需求来定制文本获取方案。例如，获取指定广告内容、指定年份杂志/报纸内容等。

在互联网营销中，用户反馈承担的核心任务是为产品收集用户舆情信息。常规的用户自发反馈信息来自微博、贴吧、第三方论坛和社区，以及应用商店等用户意见反馈。

1. 评价类用户反馈

评价类用户反馈主要来自应用市场，涉及用户对产品的评价、情感的宣泄、特殊问题的提出等。这类反馈对其他用户具有影响效应。

2. 意见建议类用户反馈

这类反馈主要来自产品内部的用户反馈，针对性较强，用户多是为咨询问题或者提出建议而来。因为是封闭式反馈，可证明这类反馈者是在使用过程中产生的意见或建议，是期待问题解决的反馈。

3. 传播类用户反馈

这类反馈主要来自第三方论坛和社区用户反馈信息，通常涉及表达个人感受、反馈问题需求帮助、暴露问题发泄情绪等。这类反馈信息通常具有广播性质，其影响不是单点，而是病毒性的传播。

此类反馈需要对不同平台用户反馈的信息进行定期的用户反馈舆情数据获取、监控、分析与挖掘，进而获得具有价值的信息。

3.2.2 语音数据

为了提供各种特定条件下的语音获取服务，需要获取目标人群分散广、覆盖全，获取数据高度真实有效。为了使得获取效率高，需要多人并发获取。语音获取类型主要包括各地方言、多国外语、男/女/童声、多种录音环境等。语音内容可为单词、短句、诗词、短文等。

3.2.3　图片数据

用户根据实际需求获取特定场景的图片数据，包括实体图片、人物图片、场景图片、基于地理位置的图片，这些图片针对性强、质量高，不与其他用户共享。图片数据获取的应用实例包括特定人群及人脸图片、药盒图片、医疗单图片、街道全景、名片和多角度照片等。

3.2.4　摄像头视频数据

摄像头的工作原理大致为景物通过镜头生成的光学图像投射到图像传感器表面上，然后转为电信号，经过 A/D（模/数）转换后变为数字图像信号并存储。

传感器是一种能把物理量或化学量转变成便于利用的电信号的器件，其通常由敏感元件和转换元件组成。IEC（International Electrotechnical Commission，国际电工委员会）对它的定义为"传感器是测量系统中的一种前置部件，它将输入变量转换成可供测量的信号"。传感器是传感系统的一个组成部分，它是被测量信号输入的第一道关口。传感器可分为有源的和无源的两类。图像传感器是一种半导体芯片，其表面包含有几十万到几百万的光电二极管。光电二极管受到光照射时，就会产生电荷。

3.2.5　图像数字化数据

图像数字化是将连续色调的模拟图像经采样量化后转换成数字影像的过程。数字化运用的是计算机图形和图像技术，其在测绘学、摄影测量与遥感学等学科中得到广泛应用。

图像数字化是将模拟图像转换为数字图像，数字图像便于计算机进行存储与处理。图像数字化是进行数字图像处理的前提，其必须以图像的电子化作为基础，把模拟图像转变成电子信号，随后才将其转换成数字图像信号。

数字图像可以通过许多不同的输入设备和技术生成，如数码相机、扫描仪、坐标测量机等，也可以从任意的非图像数据合成获得。

图像信息获取的主要方法是扫描技术，该技术已非常成熟。另一种方法是直接运用数字摄影技术。

3.2.6　图形数字化数据

图形数字化是将图形的连续模拟量转换成离散的数字量的过程。在计算机辅助设计、机助制图及地理信息系统应用中，为了对图形进行计算机处理，输入的图形必须是数字化的图形数据，才能被计算机接受。

图形数字化一般用数字化仪进行。根据数字化仪结构和工作方式的不同，数字化形式也各有不同。例如，采用跟踪数字化仪作业，则有点方式、线方式（时间增量或坐标增量方式）和栅格方式（按设定的格网形式记录其交叉点的坐标值）等，此外，此项作业还可通过人工读点方式进行，一般多用于以格网为基础的数字地形模型的建立，其读出的数据用键盘输入，记录在硬盘或磁带上。如果采用扫描数字化仪，如摄像机扫描或激光扫描，则是一种逐点、逐行连续进行的面积方式数字化。

3.2.7 空间数据

空间数据是指用来表示空间实体的位置、形状、大小及其分布特征等诸多方面信息的数据，它可以用来描述来自现实世界的目标，具有定位、定性、时间和空间关系等特性。空间数据是一种用点、线、面以及实体等基本空间数据结构来表示自然世界的数据。

1. 空间数据获取的任务

空间数据获取的任务包括对地图数据、野外实测数据、空间定位数据、摄影测量与遥感图像、多媒体数据等进行获取，其将现有的地图、外业观测成果、航空图片、遥感图片数据、文本资料等转换成 GIS（Geographic Information System，地理信息系统）可以接受的数字形式，在入库之前进行验证、修改、编辑等处理，保证数据在内容和逻辑上的一致性。

2. GIS 数据的内容。

（1）地图数据：最常见的数据来源。

（2）野外实测数据：指各种野外实验及实地测量所得数据，其通过转换可直接进入空间数据库。

（3）遥感图像：遥感数据也是一种极其重要的信息源。

（4）统计数据：许多部门和机构拥有不同领域的数据，如人口、自然资源、国民经济等方面诸多的统计数据。

（5）共享数据：随着各种 GIS 专题图件的建立和各种 GIS 系统的建立而直接获取的数字图像数据和属性数据。

（6）多媒体数据、文本资料数据在 GIS 数据中也占有很重要的地位。

3.3 网站数据

网站数据主要分为网站内部数据和网站外部数据，下面对这两种数据进行简要介绍。

3.3.1 网站内部数据

网站内部数据是网站最容易获取的数据，其通常存放在网站的文件系统或数据库中，也是与网站自身最为密切相关的数据，是网站分析最常用的数据来源。

1. 日志数据

日志数据是在网络上详细介绍一个过程和经历的记录。服务器日志数据是个人浏览 Web 服务器时，服务器方所产生的服务器日志、错误日志和 Cookie 日志三种类型的日志文件。利用服务器日志文件，我们可以分析服务器日志文件格式蕴含的有用信息和存取请求失败的数据。

2. 数据库数据

网站数据库中的数据主要包括网站用户信息数据、网站应用或产品数据，以及网站运营数据等。

3.3.2 网站外部数据

网站外部数据主要包括互联网环境数据、竞争对手数据、合作伙伴数据和用户数据等。

虽然网站内部数据不够准确，但至少可以知道数据的误差，而网站外部数据一般都是由其他网站或机构公布的。对于每个公司而言，无论是数据平台、咨询公司还是合作伙伴，都可能为了某些利益而使其公布的数据具有一定的偏向性，所以网站外部数据比内部数据的真实性差，不确定性比较高。网页是主要的网站外部数据，其主要分为静态网页和动态网页。

3.4 网络爬虫

网站数据采集是指通过网络采集软件工具或网站公开 API（Application Programming Interface，应用程序编程接口）等方式将网站上的非结构化数据、半结构化数据和结构化数据从网页中提取出来，并将其存储到统一的本地数据文件中。采集的数据包括图片、音频、视频等。网络爬虫是经常使用的网站数据采集工具，使用网络爬虫的主要目的是将互联网上的网页下载到本地，获得一个互联网内容的镜像备份。更具体地说，网络爬虫的过程主要分为获取网页、解析网页和存储数据三部分，其是按照一定的获取网页规则，自动地抓取互联网数据的软件。

按照系统结构和实现技术，网络爬虫可以分为通用网络爬虫、聚焦网络爬虫、增量式网络爬虫、深层网络爬虫等。实际的网络爬虫系统通常是上述的几种爬虫技术相结合实现的混合系统。

3.4.1 网络爬虫的工作过程

网络爬虫是一种搜索引擎软件，一个典型的网络爬虫工作原理如图 3-1 所示，其主要包含种子 URL（Uniform Resource Locator，统一资源定位符）、待抓取 URL 队列、已抓取 URL 和已下载网页库等。

网络爬虫工作过程如下。

①首先人工选取一部分种子 URL。

②将这些 URL 放入待抓取 URL 队列。

③从待抓取 URL 队列中取出待抓取 URL，解析 DNS（Domain Name System，域名系统）得到主机 IP，并将 URL 对应的网页下载下来，存储到自己的网页库中。

④将这些已抓取的 URL 放入已抓取 URL 队列中。

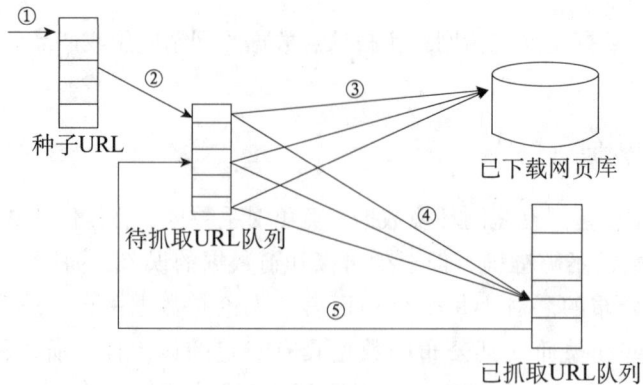

图 3-1 网络爬虫工作原理

⑤分析已抓取网页中的其他 URL，并将 URL 放入待抓取 URL 队列中，进行下一个循环。

可以看出，网络爬虫从一个或若干初始网页的 URL 开始，获得初始网页上的 URL，在抓取网页的过程中，不断从当前页面上抽取新的 URL 放入队列，直到满足系统的停止条件为止。

3.4.2 通用网络爬虫

通用网络爬虫又称为全网爬虫，其可将爬行对象从一些种子 URL 扩充到整个 Web，主要为门户站点搜索引擎和大型 Web 服务采集数据。这类网络爬虫的爬行范围和数量巨大，要求爬行速度快和存储空间大，对于爬行页面的顺序要求较低。其通常采用并行工作方式，但需要较长时间才能刷新一次页面。通用网络爬虫适用于搜索广泛的主题，有较强的应用价值。

1. 爬行策略

通用网络爬虫的结构可由页面爬行模块、页面分析模块、链接过滤模块、页面数据库、URL 队列、初始 URL 集合等部分组成。网页的爬行策略可以分为深度优先搜索策略、广度优先搜索策略、最佳优先搜索策略和反向链接数搜索策略，其中广度优先搜索策略和最佳优先搜索策略是经常使用的方法。

（1）深度优先搜索策略。深度优先搜索策略的搜索过程是从起始网页开始，选择一个 URL 进入，分析这个网页中的 URL，再选择一个进入，如此一个链接一个链接地抓取下去。深度优先搜索策略的遍历策略是指网络爬虫从起始页开始，一个链接一个链接跟踪下去，处理完这条线路之后再转入下一个起始页，继续跟踪链接。如图 3-2 所示，其遍历路径为 A→F→G→E→H→I→B→C→D。

深度优先搜索策略设计较为简单，这种策略的抓取深度直接影响抓取命中率及抓取效率，而抓取深度是该种策略的关键。相对于其他两种策略而言，深度优先搜索策略使用较少。

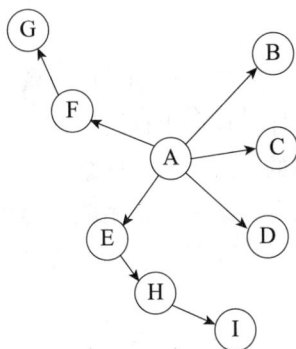

图 3 - 2 深度优先搜索策略的遍历路径

（2）广度优先搜索策略。广度优先搜索策略是指在抓取过程中，在完成当前层次的搜索后，才进行下一层次的搜索。为了覆盖尽可能多的网页，一般使用广度优先搜索策略。广度优先搜索策略的遍历策略的基本思路是将新下载网页中发现的链接直接插入待抓取 URL 队列的末尾，也就是说网络爬虫会先抓取起始网页中链接的所有网页，然后选择其中一个链接网页，继续抓取在此网页中链接的所有网页。还是以上面的图 3 - 2 为例，广度优先搜索策略的遍历路径为 A→B→C→D→E→F→G→H→I。

（3）最佳优先搜索策略。最佳优先搜索策略按照一定的网页分析算法，预选 URL 与目标网页的相似度接近或与主题的相关性强，并选取评价最好的一个或几个 URL 进行抓取，它只访问经过网页分析算法预测为有用的网页。这种方法的问题是在爬虫抓取路径上的很多相关网页可能被忽略，这就表现出最佳优先搜索策略是一种局部最优搜索算法，应该避免局部最优点。

（4）反向链接数搜索策略。反向链接数是指一个网页被其他网页链接指向的数量。反向链接数表示的是一个网页的内容受到其他人的推荐程度，搜索引擎的抓取系统使用这个指标来评价网页的重要程度，从而决定不同网页抓取的先后顺序。

2. 通用网络爬虫的局限性

通用网络爬虫是一个辅助检索信息的工具，现已成为用户访问互联网的入口，但是通用网络爬虫也存在下述的问题。

（1）不同领域、不同背景的用户具有不同的检索目的和需求，而通用网络爬虫所返回的结果可能含有大量用户并不需要的网页。

（2）通用网络爬虫的目标是获得尽可能大的网络覆盖率，从而造成了有限的网络爬虫服务器资源与无限的网络数据资源之间的冲突。

（3）图片、数据库、音频、视频多媒体等不同类型的非结构化数据大量出现，通用网络爬虫对这些信息含量密集数据的获取出现了困难。

（4）通用网络爬虫主要提供基于关键字的检索，难以支持基于语义信息的查询。

3.4.3　聚焦网络爬虫

为了解决通用网络爬虫的问题，定向抓取相关网页资源的聚焦网络爬虫应运而生。聚焦网络爬虫是一个自动下载网页的程序，可以根据既定的抓取目标，有选择性地访问互联网上的网页与相关的链接，获取所需要的信息。聚焦网络爬虫与通用网络爬虫不同，其并不追求大的覆盖范围，而是将目标定为抓取与某一特定主题内容相关的网页，为面向主题的用户提供查询和准备数据资源。

1. 聚焦网络爬虫的工作原理

聚焦网络爬虫又称为主题爬虫，是面向特定主题的一种网络爬虫程序。它与通用网络爬虫的区别之处在于聚焦网络爬虫在实施网页抓取时要进行主题筛选，尽量保证只抓取与主题相关的网页信息。也就是说，其是有选择性地"爬行"那些与预先定义好的主题相关页面的网络爬虫。聚焦网络爬虫节省了硬件和网络资源，保存的页面也由于数量少而更新快，可以很好地满足一些特定人群对特定领域信息的需求。

聚焦网络爬虫需要根据网页分析算法过滤掉与主题无关的链接，保留有用的链接，并将其放入等待抓取的 URL 队列，然后根据一定的搜索策略从队列中选择下一步要抓取的网页 URL，并重复上述过程，直到达到系统的某一条件时停止。此外，所有被爬虫抓取的网页将被系统存储，进行一定的分析、过滤，并建立索引，以便之后的查询和检索。对于聚焦网络爬虫来说，这一过程所得到的分析结果还可能对以后的抓取过程给出反馈和指导。

2. 爬行策略

评价页面内容和链接的重要性是聚焦网络爬虫爬行策略实现的关键，由于不同的方法计算出的链接的重要性不同，导致相关链接的访问顺序也不同。

（1）基于内容评价的爬行策略。这是将文本相似度的计算方法引入网络爬虫中而提出的算法，这种算法将用户输入的查询词作为主题，包含查询词的页面与主题相关，其利用空间向量模型计算页面与主题的相关度大小。

（2）基于链接结构评价的爬行策略。Web 页面是一种半结构化文档，包含很多结构信息，可用来评价链接的重要性。PageRank 算法最初用于搜索引擎信息检索中对查询结果进行排序，也可用于评价链接的重要性，具体做法就是每次选择 PageRank 值较大的页面链接来访问。

（3）基于增强学习的爬行策略。该策略将增强学习引入聚焦网络爬虫，利用贝叶斯分类器，根据整个网页文本和链接文本对超链接进行分类，为每个链接计算出重要性，从而决定链接的访问顺序。

（4）基于语境图的爬行策略。我们可以通过建立语境图来学习网页之间的相关度，训练一个机器学习系统，通过该系统可计算当前页面到相关 Web 页面的距离，距离越近的页面中的链接优先访问。例如，聚焦网络爬虫对主题的定义既不是采用关键词也不是加权矢量，而是一组具有相同主题的网页。它包含两个重要模块：一个是分类器，用来计算所爬行的页面与主题的相关度，确定是否与主题相关；另一个是净化器，用来识别通过较少链接连接到大量相关页面的中心页面。

3. 聚焦网络爬虫的类型

聚焦网络爬虫主要分为浅聚焦网络爬虫和深聚焦网络爬虫两大类，这两种网络爬虫与通用网络爬虫的关系如图 3-3 所示。

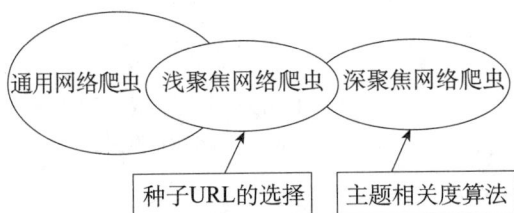

图 3-3　三种网络爬虫的关系

浅聚焦网络爬虫可以看成是将通用网络爬虫局限在一个单一主题的网站上，通常所说的聚焦网络爬虫大多是指深聚焦网络爬虫。

（1）浅聚焦网络爬虫。浅聚焦网络爬虫是指爬虫程序抓取特定网站的所有信息，其作工方式和通用网络爬虫几乎一样，唯一的区别是种子 URL 的选择确定了抓取内容，因此，其核心是种子 URL 的选择。浅聚焦网络爬虫从一个或若干初始网页的 URL 开始，获得初始网页上的 URL，在抓取网页的过程中，不断从当前页面上抽取新的 URL 放入队列，直到满足系统的停止条件。其工作流程如图 3-4 所示。

浅聚焦网络爬虫的原理与通用网络爬虫的原理相同，其特点是选定种子 URL。例如，系统要抓取招聘信息，可以将招聘网站的 URL 作为种子 URL。使用主题网站保证了抓取内容与主题相一致。

（2）深聚焦网络爬虫。深聚焦网络爬虫是指在海量的不同内容网页中，通过主题相关变算法选择与主题相近的 URL 和页面内容进行爬取，因此，其核心是如何判断所爬取的 URL 和页面内容与主题相关。深聚焦网络爬虫主要的特点是主题一致性，常用下述方法来达到这个目标。

①针对页面内容的方法。针对页面内容的方法是不管页面的主题是什么，先将页面爬取下来，然后对页面进行简单的去噪处理，利用关键字及分类聚类算法等提取策略对处理后的页面内容进行主题提取，最后与设定好的主题相比较。如果与主题一致，或在一定的阈值内，则保存页面，并进一步进行数据清洗。如果主题偏差超过阈值一点，则直接丢弃页面。这种方式的优点是链接页面全覆盖，不会出现数据遗漏，但缺点是全覆盖的页面有很大一部分是与主题无关的废弃页面，这就拖慢了采集数据的速度。

②针对 URL 的方法。浅聚焦网络爬虫的核心是选定合适的种子 URL，这些种子 URL 是主题网站的入口 URL。互联网上的网站或者网站的一个模块大部分都有固定主题，并且同

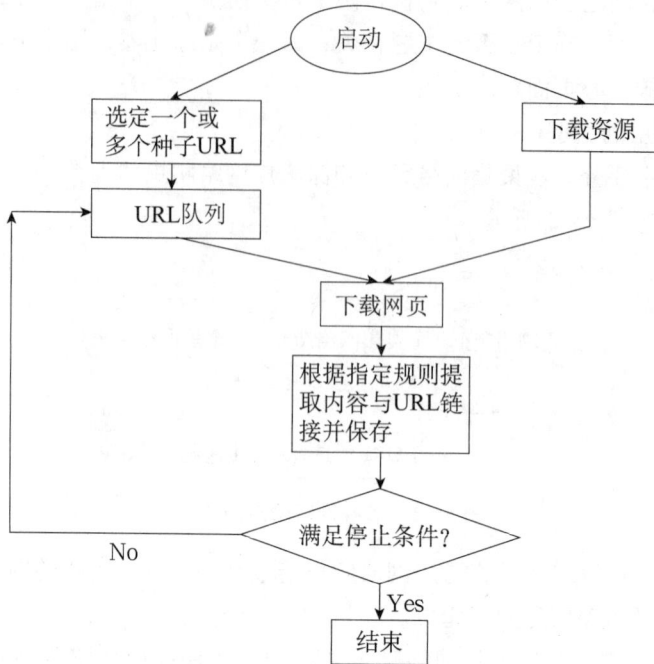

图 3-4 浅聚焦网络爬虫的工作流程

一网站中的同一主题的页面 URL 都有一定的规律可循。针对这种情况，深聚焦网络爬虫通过 URL 预测页面主题。此外，页面中绝大部分超链接都带有对目标页面的概括性描述的锚文本，结合对 URL 的分析和对锚文本的分析，就可以提高对目标页面进行主题预测的正确率。显而易见，针对 URL 的主题预测策略可以有效地减少不必要的页面下载，节约下载资源，加快下载速度，然而这种预测结果并不能完全保证丢弃的 URL 都是与主题无关的。同时，这种方式也无法确保通过预测的页面都与主题相关，因此需要对通过预测的 URL 页面进行页面内容主题提取，再对比设定的主题作出取舍。

通过上面的分析，一般的解决方法是先通过 URL 分析，丢弃部分 URL。下载页面后，对页面内容进行主题提取，与预设定的主题比较来取舍，最后对留下的页面内容进行数据清洗。

3.4.4　数据抓取目标的定义

数据抓取目标的定义是决定网页分析算法与 URL 搜索策略选择的基础，而网页分析算法和候选 URL 排序算法是决定搜索引擎所提供的服务形式和爬虫网页抓取行为的关键，爬虫对抓取的目标可按照基于目标网页特征、基于目标数据模式和基于领域概念来定义。

1. 基于目标网页特征

（1）页面类型。网络从爬虫的角度可以将互联网的所有页面分为如图 3-5 所示的五种类型。

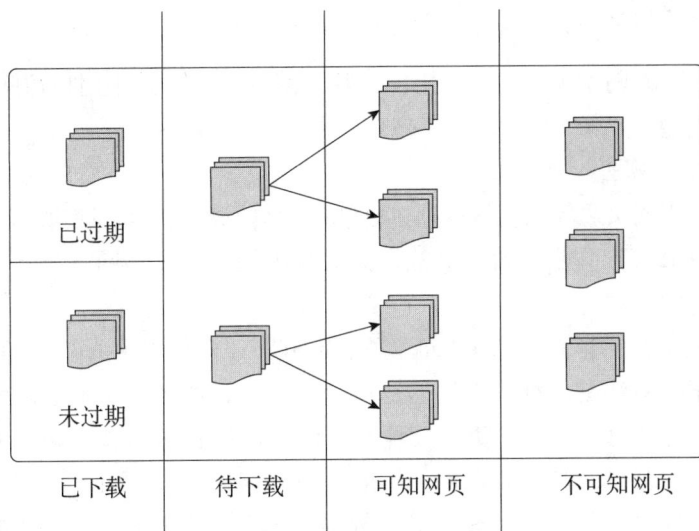

图 3-5 互联网页面划分

①已下载且未过期网页。已下载且未过期网页是指网页已下载，但并没有过期的网页。

②已下载且已过期网页。网络爬虫抓取到的网页实际上是互联网内容的一个镜像与备份，互联网是动态变化的，一部分互联网上的内容已经发生了变化，这时，这部分抓取到的网页就已经过期了。

③待下载网页。待下载网页是指待抓取 URL 队列中的页面。

④可知网页。可知网页是指还没有抓取下来，也没有在待抓取 URL 队列中，但是可以通过对已抓取页面或者待抓取 URL 对应页面进行分析获取到的 URL。

⑤不可知网页。还有一部分网页，网络爬虫无法直接抓取下载，我们称之为不可知网页。

可以看出，我们不仅需要分析出需要抓取的网页，还需要确定如何抓取。

（2）抓取方式。根据种子样本情况，抓取方式可分为以下几种。

①预先给定的初始抓取种子样本。

②预先给定的网页分类目录和与分类目录对应的种子样本。

③通过用户行为确定的抓取目标样例。

2. 基于目标数据模式

基于目标数据模式的爬虫针对的是网页上的数据，所抓取的数据一般要符合一定的模式，或者可以转化或映射为目标数据模式。

3. 基于领域概念

此种描述方式是建立目标领域的本体或词典，用于从语义角度分析不同特征在某一主题中的重要程度。

3.4.5　网页分析算法

网页分析算法可以归纳为基于网络拓扑、基于网页内容和基于用户访问行为三种类型，以下介绍前两种类型。

1. 网络拓扑分析算法

这种算法是基于网页之间的链接，通过已知的网页或数据对与其有直接或间接链接关系的对象（网页或网站等）作出评价的算法，其又分为网页粒度、网站粒度和网页块粒度三种算法。

（1）网页粒度的分析算法。PageRank 算法和 HITS（Hyperlink-Induced Topic Search，超文本敏感标题搜索）算法是两种最常用的链接分析算法，两者都是通过对网页间链接度的递归和规范化计算得到每个网页的重要度评价。PageRank 算法虽然考虑了用户访问行为的随机性和沉没网页的存在，但忽略了绝大多数用户访问时带有的目的性，即网页和链接与查询主题的相关性。针对这个问题，HITS 算法提出了两个关键的概念：权威型网页和中心型网页。

（2）网站粒度的分析算法。网站粒度的资源发现和管理策略比网页粒度的情况更简单有效。网站粒度的爬虫抓取的关键之处在于站点的划分和站点等级的计算。其计算方法与 PageRank 类似，但是需要对网站之间的链接作一定程度的抽象，并在一定的模型下计算链接的权重。

网站划分情况分为按域名划分和按 IP 地址划分两种。在分布式情况下，通过对同一个域名下不同主机、服务器的 IP 地址进行站点划分，构造站点图，利用类似 PageRank 的方法评价站点等级。同时，根据不同文件在各个站点上的分布情况，构造文档图，结合站点等级分布式计算得到 DocRank。利用分布式的站点等级计算，不仅大大降低了单机站点的算法代价，而且克服了单独站点对整个网络覆盖率有限的缺点。

（3）网页块粒度的分析算法。一个页面通常具有多个指向其他页面的链接，其中只有一部分是指向主题相关网页，或根据网页的链接锚文本表明其具有较高的重要性。但是在 PageRank 和 HITS 算法中，并没有对这些链接作区分，因此可能对网页分析带来广告等噪声链接的干扰。网页块级别的链接分析算法是通过网页分割算法将网页分为不同的网页块，然后对这些网页块建立页到块和块到页的链接矩阵，分别记为 Z 和 X。于是在页到页图上的网页块级别的 PageRank 为 $Wp = X \times Z$；在块到块图上的 BlockRank 为 $Wb = Z \times X$。

2. 网页内容分析算法

基于网页内容的分析算法是利用网页内容（文本、数据等资源）特征进行的网页评价。网页的内容从原来的以超文本为主发展到以动态页面数据为主，后者的数据量约为直接可见页面数据的 400～500 倍。此外，由于多媒体数据、WebService 等各种网络资源日益丰富，基于网页内容的分析算法也从原来的较为单纯的文本检索方法发展为涵盖网页数据抽取、机器学习、数据挖掘、语义理解等多种方法的综合应用。

根据网页数据形式的不同，可将基于网页内容的分析算法归纳为以下三类：第一种针对以文本和超链接为主的无结构或结构很简单的网页；第二种针对从结构化的数据源动态生成的页面，其数据不能直接批量访问；第三种针对的数据界于第一类和第二类数据之间，具有较好的结构，显示遵循一定模式或风格，且可以直接访问。基于文本的网页分析算法主要有以下两类。

（1）纯文本分类与聚类算法。这种算法主要使用了文本检索的技术，可以快速有效地对网页进行分类和聚类，但是由于没有使用网页间和网页内部的结构信息，所以很少单独使用。

（2）超文本分类与聚类算法。这种算法根据链接网页的相关类型对网页进行分类，依靠相关联的网页推测该网页的类型。

3.4.6　更新策略

互联网实时变化，突显了动态性。网页更新策略主要决定何时更新之前已经下载的页面，常用的策略有以下三种。

1. 历史参考策略

历史参考策略是根据页面的历史来更新数据，预测页面未来何时发生变化，通常是使用泊松过程进行建模与预测。

2. 用户体验策略

尽管搜索引擎针对某个查询条件能够返回数量巨大的结果，但是用户往往只关注前几页的结果。因此，抓取系统可以优先更新那些查询结果在前几页中的网页，而后再更新后面的网页。这种更新策略也需要用到历史信息。用户体验策略保留网页的多个历史版本，并且根据过去每次内容的变化对搜索质量的影响得出一个平均值，用这个值作为何时重新抓取的依据。

3. 聚类抽样策略

前面提到的两种更新策略都有一个前提：需要网页的历史信息。这样就存在两个问题：第一，系统要是为每个系统保存多个版本的历史信息，无疑增加了很多的系统负担；第二，要是新的网页完全没有历史信息，就无法确定更新策略。

在聚类抽样策略中，由于网页具有很多属性，具有相类似属性的网页的更新频率也相类似。要计算某一个类别网页的更新频率，只需要对这一类网页进行抽样，以它们的更新周期作为整个类别的更新周期。聚类抽样策略基本思路如图 3-6 所示。

3.4.7　分布式爬虫的系统结构

数据抓取系统需要从整个互联网上数以亿计的网页中采集数据，因此，单一的抓取程序不可能完成这样的巨大任务，需要多个数据抓取程序并行处理。分布式爬虫的系统结构如图 3-7 所示，其通常是一个分布式的三层结构。

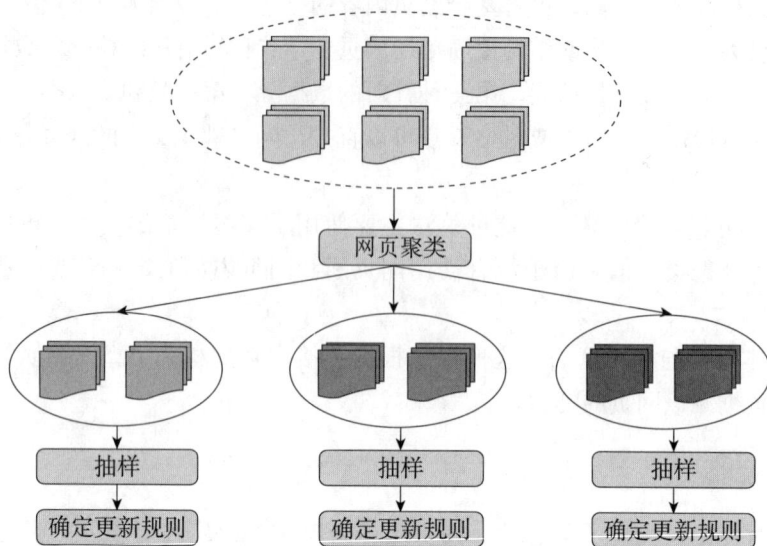

图 3 - 6　聚类抽样策略基本思路

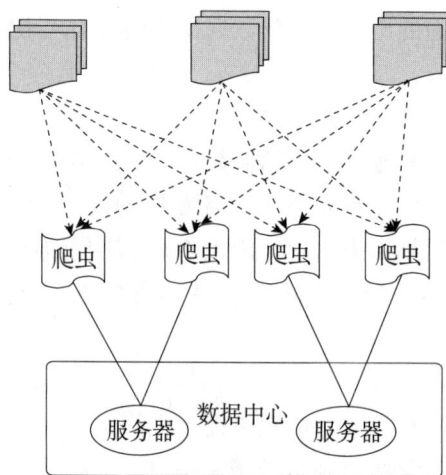

图 3 - 7　分布式爬虫的系统结构

系统结构的最下一层是分布在不同地理位置的数据中心，在每个数据中心里有若干台抓取服务器，而每台抓取服务器上可能部署了若干套爬虫程序，这就构成了一个基本的分布式抓取系统。对于一个数据中心内的不同抓取服务器，协同工作的方式有以下几种。

1. 主从式

主从式基本结构如图 3 - 8 所示。

对于主从式基本结构，有一台专门的 Master 服务器来维护待抓取 URL 队列，它负责每次将 URL 分发到不同的 Slave 服务器，而 Slave 服务器则负责实际的网页下载工作。Master 服务器除了维护待抓取 URL 队列以及分发 URL 之外，还要负责调解各个 Slave 服务器的负

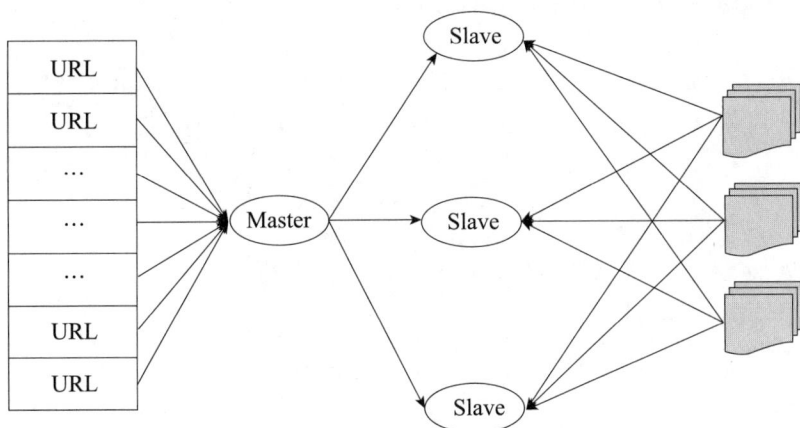

图 3 - 8　主从式基本结构

载情况，以免某些 Slave 服务器过于清闲或者劳累。这种模式下，Master 往往成为系统瓶颈。

2. 对等式

对等式基本结构如图 3 - 9 所示。

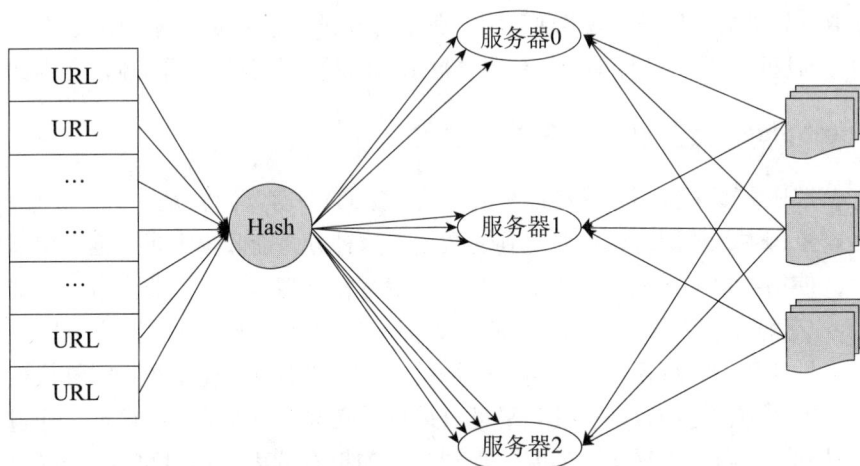

图 3 - 9　对等式基本结构

在这种模式下，所有的抓取服务器在分工上相同。每一台抓取服务器都可以从待抓取的 URL 队列中获取 URL，如果 m 为 3，计算得到的数就是处理该 URL 的主机编号。

例如，假设对于 URL "www. baidu. com"，计算器 Hash 值 $H = 8$，$m = 3$，则 $H \bmod m = 2$，因此由编号为 2 的服务器进行该链接的抓取。假设这时候是 0 号服务器拿到这个 URL，那么它将该 URL 转给 2 号服务器，由 2 号服务器进行抓取。

这种模式的问题在于当有一台服务器死机或者添加新的服务器时，那么所有 URL 的散列求余的结果都要变化。也就是说，这种方式的扩展性不佳。对于这种情况的改进方案是用一致性哈希法来确定服务器分工，其基本结构如图 3 - 10 所示。

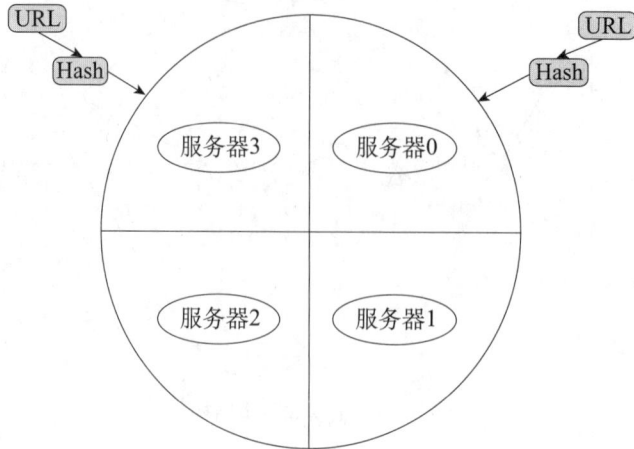

图 3 - 10　一致性哈希法

一致性哈希法将 URL 的主域名进行哈希运算，映射为范围在 $0 \sim 2^{32}$ 之间的一个数，而将这个范围平均分配给 m 台服务器，根据 URL 主域名哈希运算的值所处的范围判断是哪台服务器来进行抓取。如果某一台服务器出现问题，那么由该服务器负责的网页则按照顺时针顺延，由下一台服务器进行抓取。这样即使某台服务器出现问题，也不会影响其他服务器的工作。

3.4.8　ForeSpider 爬虫软件数据采集过程

从网上获取所需要的数据通常有以下几种方式：①手动复制粘贴，适合收集少量数据；②自己编写爬虫脚本，获取自己想要得到的数据，这种方式能收集大量数据，但需要自己有编程能力；③使用数据采集软件，既不需要自己编写爬虫脚本，又能收集自己想要的数据。

ForeSpider 数据采集系统是通用性互联网数据采集软件。该软件的采集范围全面，数据精度高，抓取性能优秀，可视化操作简单易行，可进行智能自动化采集，能够快速获取互联网中的结构化或非结构化的数据，其几乎可以采集互联网上所有公开的数据，通过可视化的操作流程，从建表、过滤、采集到入库一步到位。如果有的内容通过可视化流程采集不到，其可以通过简单代码实现强大的脚本采集。该软件同时支持正则表达式操作，可以通过可视化、正则、脚本任意方式实现对数据的清洗与规范化。

应用 ForeSpider 爬虫软件来实现网页数据的获取，其主要过程如下。

首先，下载安装 ForeSpider 爬虫软件，可以到 www. forenose. com 注册登录，免费试用 ForeSpider 爬虫软件，用户如果满意可再使用付费版。

安装成功之后，进入 ForeSpider 爬虫软件的主程序界面，如图 3 - 11 所示。

下面以采集新华网科技频道（http：//www. news. cn/tech/）的文章为例，说明前嗅 ForeSpider 爬虫软件的数据采集过程。新华网科技频道的网页显示内容如图 3 - 12 所示。

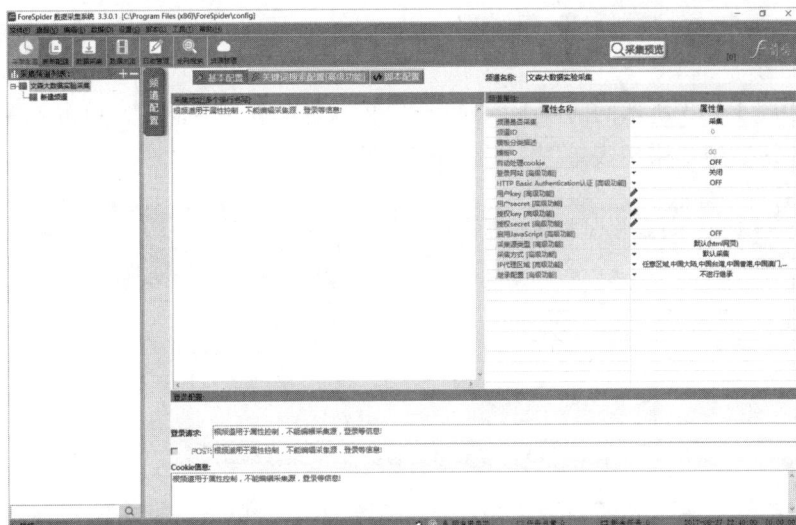

图 3 - 11　ForeSpider 爬虫软件的主程序界面

图 3 - 12　新华网科技频道的网页显示内容

ForeSpider 爬虫软件数据采集过程如下。

1. 表单配置

（1）在如图 3-13 所示的前嗅 ForeSpider 爬虫软件的软件界面中，单击工具栏的"表单配置"按钮，切换到"采集表单"，如图 3-13 所示。

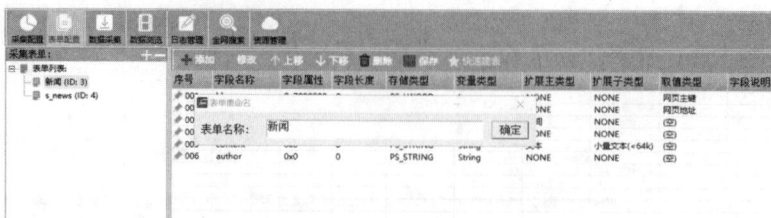

图 3-13　"表单配置"→"采集表单"

在左边栏单击" +"图标新建表单，选中新建表单后单击鼠标右键选择修改名称，重命名为"新闻"后，单击"确定"按钮，出现如图 3-14 所示界面。

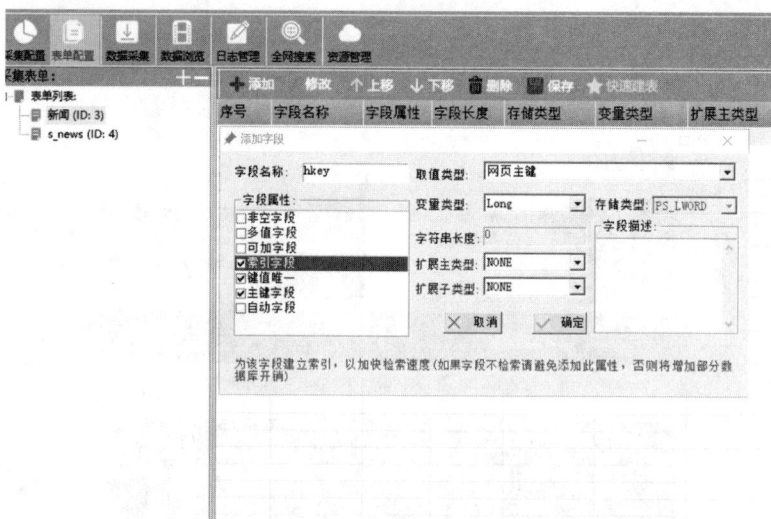

图 3-14　创建新建表单结构

（2）保持表单列表中对"新闻"的选中状态，鼠标单击右侧的" +添加"按钮，在弹出的"添加字段"对话框里填写新建新闻键值的字段信息，如"字段名称"为"hkey"，在"取值类型"下拉菜单里选择"网页主键"，在"字段属性"中勾选"索引字段""键值唯一""主键字段"三项，在"变量类型"下拉菜单中选"Long"，其余默认，单击"确定"按钮，出现如图 3-15 所示的窗口。

（3）字段名称为"url"，在"取值类型"下拉菜单中选择"网页地址"，"字段属性"中的项目都不用勾选，在"变量类型"下拉菜单里选"String"，其余默认，单击"确定"按钮，出现如图 3-16 所示的添加来源链接字段窗口。

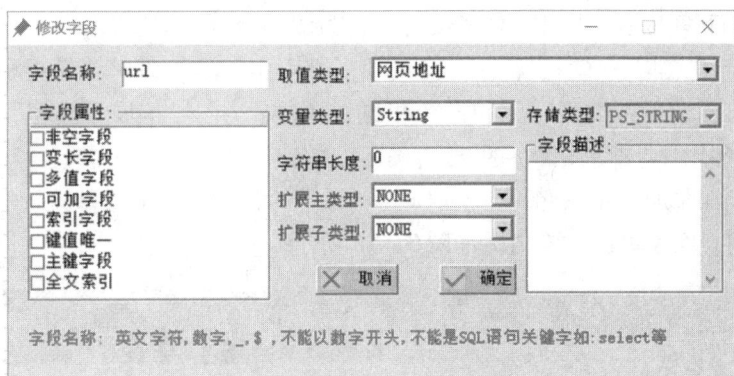

图 3-15 新建新闻键值的字段信息

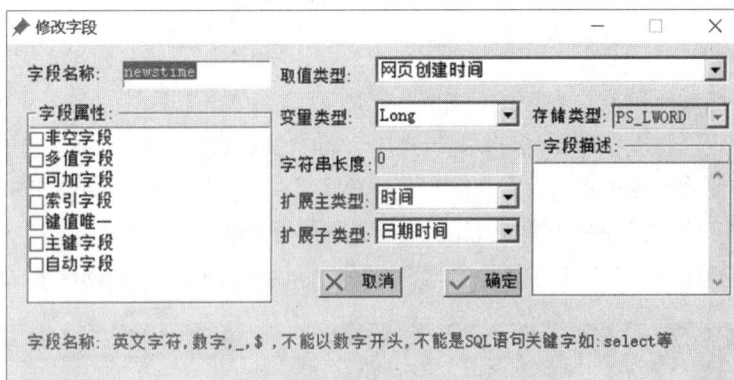

图 3-16 添加来源链接字段窗口

（4）在添加来源链接字段窗口中，"字段名称"为"newstime"，在"取值类型"下拉菜单中选择"网页创建时间"，"字段属性"中的项目都不用勾选，在"变量类型"下拉菜单里选"Long"，在"扩展主类型"下拉菜单里选"时间"，在"扩展子类型"下拉菜单里选"日期时间"，其余默认，单击"确定"按钮，出现如图 3-17 所示的添加新闻内容字段窗口。

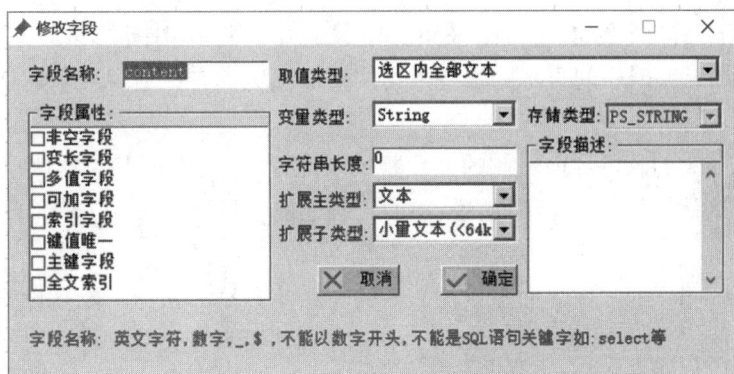

图 3-17 添加新闻内容字段窗口

（5）在添加新闻内容字段中，"字段名称"为"content"，在"取值类型"下拉菜单中选择"选区内全部文本"，"字段属性"中的项目都不用勾选，在"变量类型"下拉菜单里选"String"，在"扩展主类型"下拉菜单里选"文本"，在"扩展子类型"下拉菜单里选"小量文本（<64k）"，其余默认，单击"确定"按钮。

参照上述步骤添加"字段名称"为"newstitle"的新闻标题字段，其余配置都默认或简化。添加完毕后新闻表单的参考情况如图 3 - 18 所示。

图 3 - 18　新闻表单的参考情况

2. 采集配置

（1）在 ForeSpider 的软件界面中，如图 3 - 19 所示，单击工具栏的"采集配置"按钮，切换到采集频道设置。将左栏根部的"root"选中，单击鼠标右键出现菜单，选中"修改名称"，将名称改为"文森大数据实验采集"，在左边栏单击"＋"图标新建表单，选中新建表单后单击鼠标右键选择"修改名称"，重命名为"新华网科技频道"后确定。在中间"频道配置"选项页的"采集地址（多个换行书写）"下填写目标网址"http：//news. cn/tech/"。

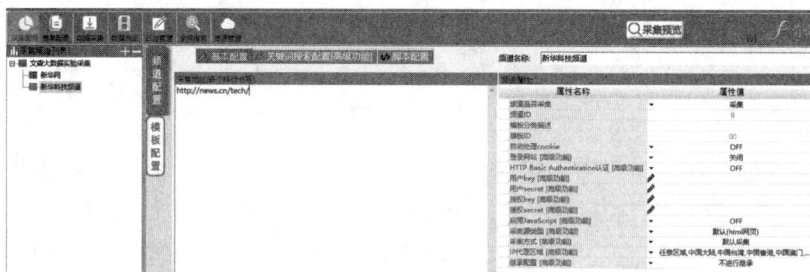

图 3 - 19　采集频道设置

（2）仍在 ForeSpider 的软件界面采集频道设置中，将其中间的"频道配置"切换到"模板配置"选项，此时中间显示的是待采集网址的预览，右栏出现两个默认模板的可配置项，如图 3 - 20 所示。

①在 ForeSpider 的软件界面右侧的"模板抽取配置"：中先选中"默认模板（1）：01"，将右下角的"［默认模板（1）］配置："中的示例地址填写为"news. cn/tech/"，如图 3 - 21 所示。

②单击 ForeSpider 的软件界面工具栏右侧的"采集预览"按钮，刚才设置好示例地址的频道链接及数据测试结果如图 3 - 22 所示，显示了未进行地址过滤和标题过滤时可以抓取的 462 条链接信息。

图 3-20　"模板配置"选项

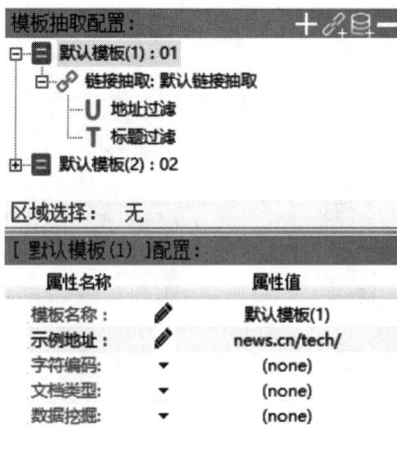

图 3-21　默认模板

图 3-22　采集预览

链接序号40之前的信息是其他频道主页等非新闻页面，需要将待抓取的新闻页面链接单独过滤出来，查看比较上述链接信息，可以看到新闻网页地址都以"http：//news. xinhuanet. com/tech/2017-08/29/c_"为前缀，于是可以在这个对话框中进行地址过滤的配置，方法是在左边"刷新链接"下拉框中选"默认链接抽取"，在"地址过滤"下拉框中选"包含"，其后填写"http：//news. xinhuanet. com/tech/2017-08/29/c_"，单击"保存"按钮，再单击"重新测试"按钮，于是获得30条新华科技频道2017年8月29日的科技信息，如图3-23所示。

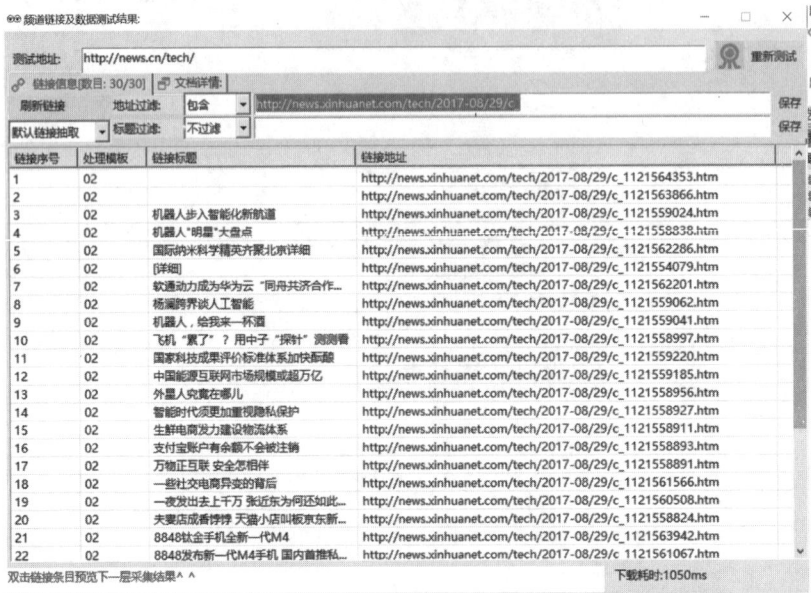

图3-23　新华科技频道2017年8月29日的科技信息

③链接3的链接地址为"http：//news. xinhuanet. com/tech/2017-08/29/c_1121559024. htm"，此为新华科技频道的网址。

（3）下面需要配置过滤模板和数据抽取模板的关联，方法是选中"默认模板（1）：01"下一级的"链接抽取：默认链接抽取"，在右下角的"［默认链接抽取］配置："中的"关联模板"下拉框中选"默认模板（2）：02"，如图3-24所示。

（4）现在配置数据抽取模板，在ForeSpider的软件界面右侧的"模板抽取配置："中选中"默认模板（2）：02"，将右下角的"［默认模板（2）］配置："中的示例地址填写为最后记录备用的地址"http：//news. xinhuanet. com/tech/2017-08/29/c_1121559024. htm"，如图3-25所示。

（5）再来配置数据抽取，方法是选中"默认模板（2）：02"下一级的"数据抽取：新建数据抽取"，在右下角的"［新建数据抽取］配置："中的"表单名称"下拉菜单中选"新闻"，如图3-26所示。

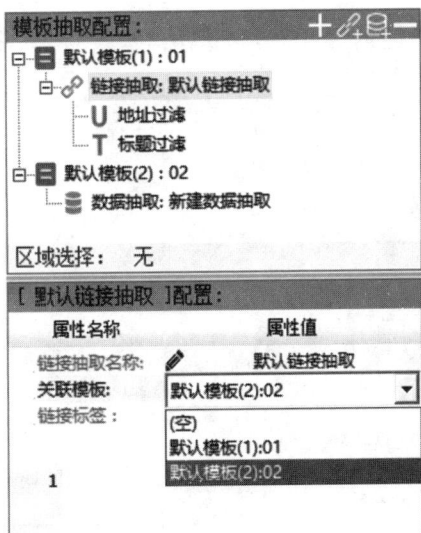

图 3 - 24 配置过滤模板和数据抽取模板的关联

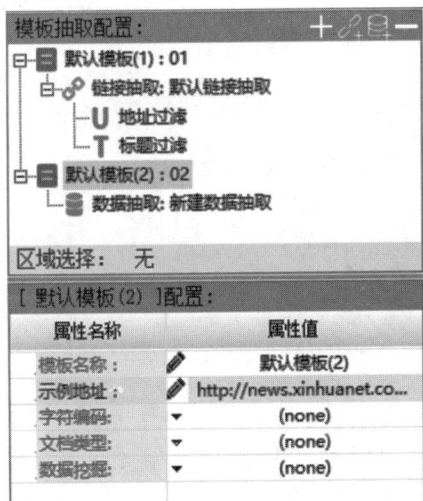

图 3 - 25 配置数据抽取模板

（6）新闻表单和数据抽取关联之后，其自动取代"数据抽取：新建数据抽取"项目且载入步骤（2）添加的所有字段，其中已设置"取值类型"的字段"hkey""url""newstime"，可以在采集数据时获取，如图 3 - 27 所示。

（7）下面再进行新闻表单余下两个字段的数据抽取配置。以 newstitle 为例，先在"模板抽取配置："中选中"newstitle"项，然后在中间的网页预览区域内按住 Ctrl 键，单击新闻标题"机器人步入智能化新航道"区域，整个标题被带颜色的框包围表示已选中，在右下方浮动的"定位选择器"中确认标题内容后保存菜单，于是新闻表单 newstitle 字段数据抽取配置完成。用类似操作也可完成 content 字段数据抽取配置，如图 3 - 28 所示。

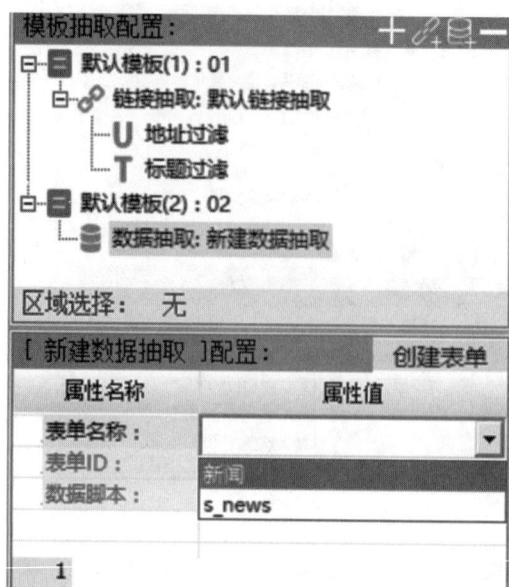

图 3-26　配置数据抽取

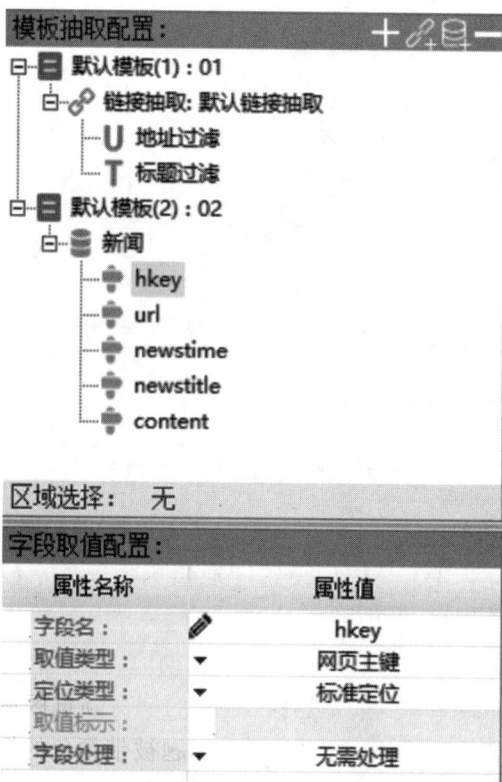

图 3-27　获取已设置"取值类型"的字段

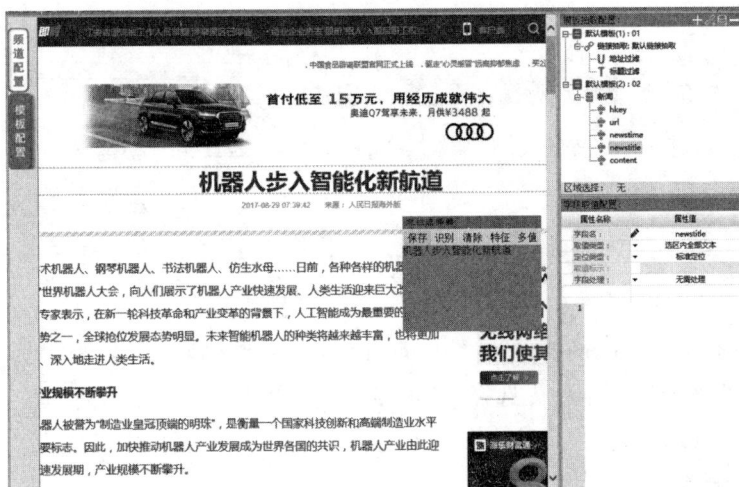

图 3-28　表单余下两个字段的数据抽取配置

3. 采集预览

上述部署完成后，单击 ForeSpider 的软件界面工具栏右侧的"采集预览"按钮进行配置测试，在"频道链接及数据测试结果"对话框中双击最后一个链接"机器人步入智能化新航道"，可以看到完成对该链接新闻的数据抽取测试效果，如图 3-29 所示。

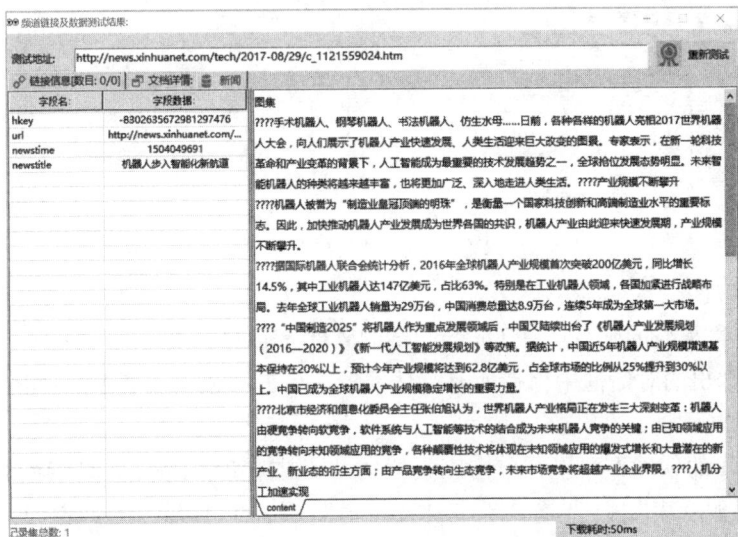

图 3-29　完成数据抽取测试效果

4. 进行采集数据库配置

（1）在 ForeSpider 的软件界面的"数据"菜单列表中单击"连接到数据库"，在弹出的对话框中保持所有默认配置，单击"打开"按钮，如图 3-30 所示。

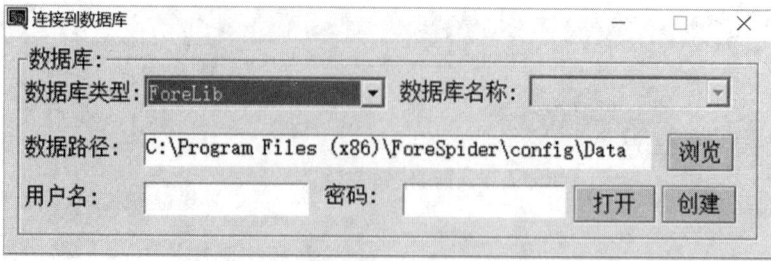

图 3-30 采集数据库配置

（2）配置数据表在 ForeSpider 的软件界面的"数据"菜单列表中单击"选择数据表"，在弹出的"配置数据表"对话框中先选择左边"爬虫表单列表："中的"新闻"项，然后单击中间的"创建表"按钮，在弹出的"创建数据表"对话框中填写表名称为"technews"，单击"确定"按钮完成配置，如图 3-31 所示。

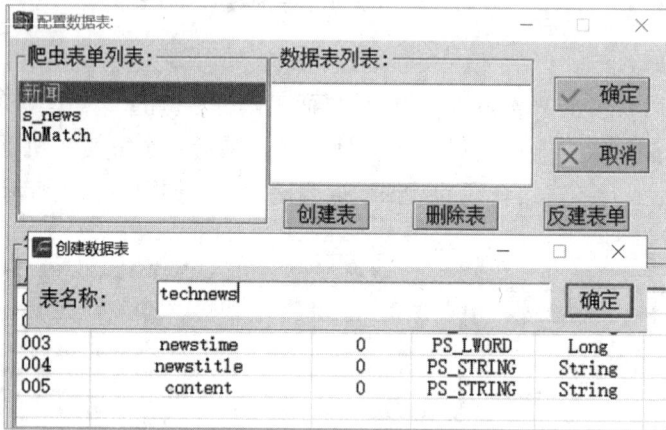

图 3-31 配置数据表

5. 采集策略配置

下面进行采集策略的确认。在 ForeSpider 的软件界面的"设置"菜单列表中单击"采集策略配置"，在弹出的对话框中保持所有默认配置，单击"确定"按钮，如图 3-32 所示。

6. 清空日志记录

在 ForeSpider 的软件界面里，单击工具栏的"日志管理"按钮，切换到日志管理界面，在左侧"已采集源列表"中选择"新华科技频道"后，单击右侧工具栏的"清空"按钮，在弹出的对话框中单击"确定"按钮，清空日志记录，如图 3-33 所示。

7. 启动数据采集

在 ForeSpider 的软件界面里，单击工具栏的"数据采集"按钮，切换到采集界面，单击右侧工具栏的"开始"按钮，于是新华科技频道的数据采集过程便会在中间显示区域随着采集进行渐次显示出来，如图 3-34 所示。

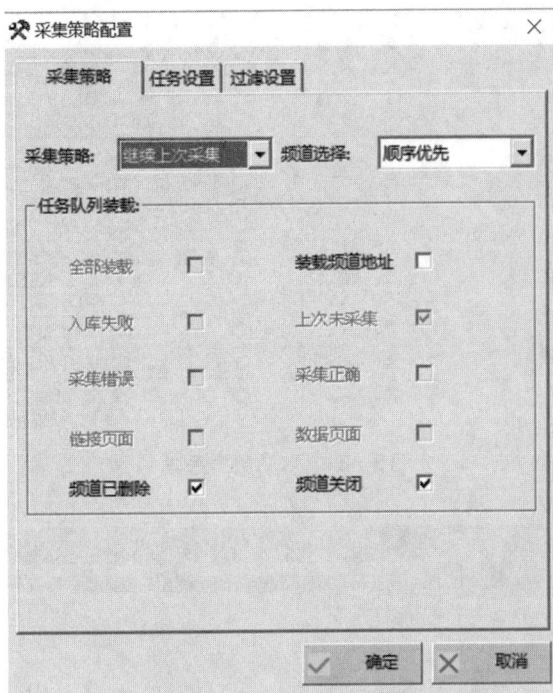

图3-32 采集策略的确认

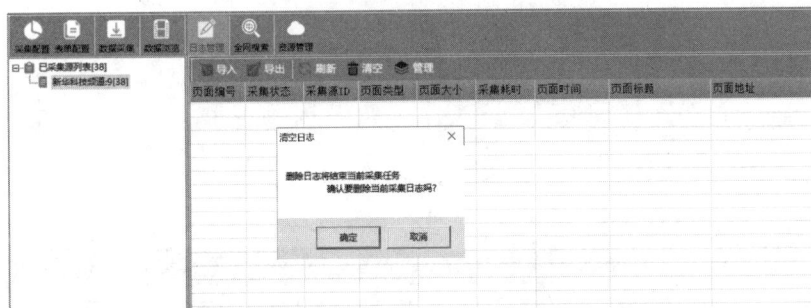

图3-33 清空日志记录

8. 查看数据采集结果

在ForeSpider的软件界面里，单击工具栏的"数据浏览"切换到数据浏览界面，在左侧数据列表选中"technews"后，单击中间采集到的数据列表中的003条，在右侧选项页可看到"url""newstitle""content"内容同源数据一致，如图3-35所示。

9. 导出数据采集结果

仍然在ForeSpider的数据浏览界面里，选中所有待导出的数据记录，单击右侧工具栏的"导出"按钮，确定后即可保存为单独的csv格式文件，该文件可在Excel等软件中打开使用，如图3-36所示。

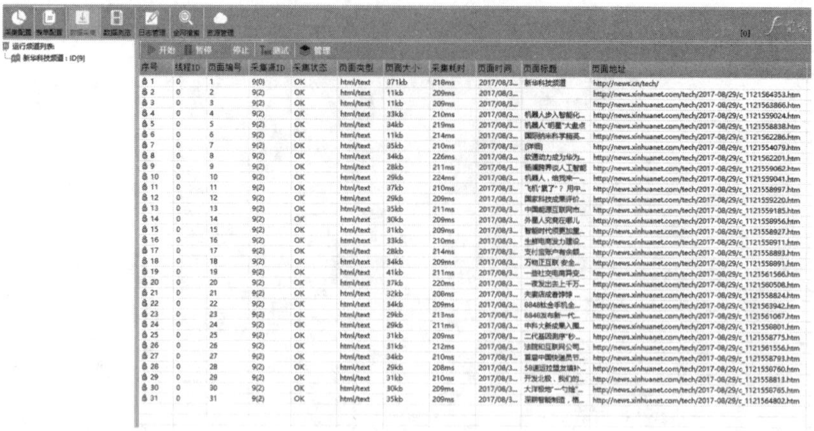

图 3-34　启动数据采集

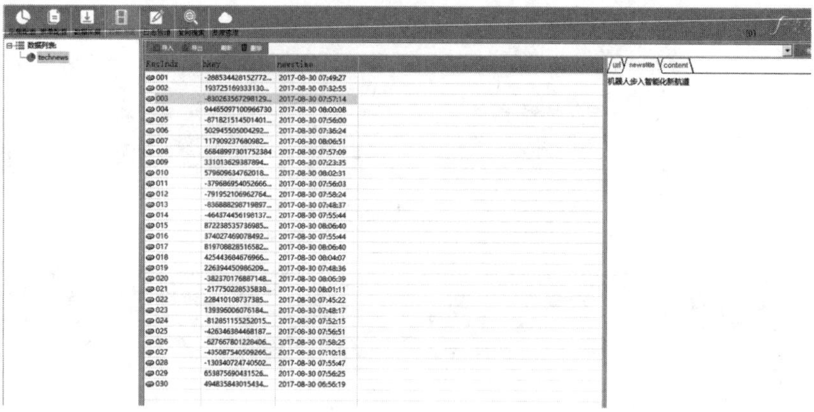

图 3-35　查看数据采集结果

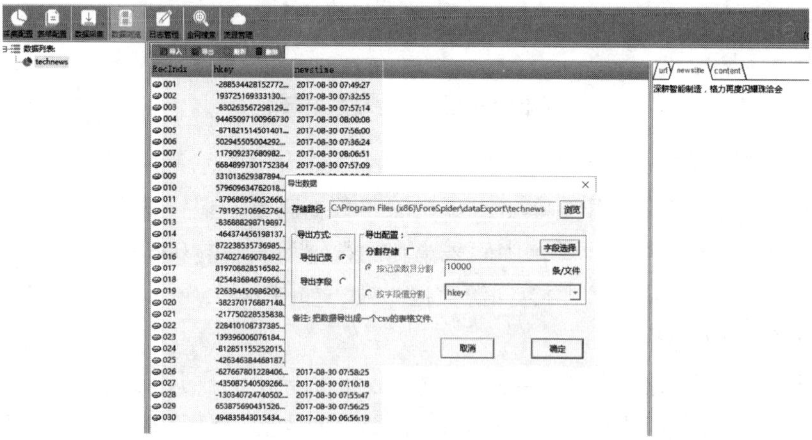

图 3-36　导出数据采集结果

3.5　大数据的存储管理技术

大数据应用的快速发展直接推动了存储、网络以及计算机科学与技术的发展。由于大数据处理的需求是一个新的挑战，硬件的发展最终还是需要软件需求推动，所以大数据分析应用需求正在影响和促进数据存储基础设施的发展。随着结构化数据和非结构化数据量的持续增长，以及被分析数据来源的多样化，现有的存储系统已经无法满足大数据存储的需要。

大数据导致数据库高并发负载，需要达到每秒上万次读写请求，关系数据库已经无法承受。对于大型的 SNS（Social Networking Services，社交网络服务）网站的关系数据库，SQL 查询效率极其低下乃至不可忍受。此外，在 Web 架构中的数据库难以进行横向扩展，当一个应用系统的用户量和访问量与日俱增的时候，数据库却没有办法通过添加更多的硬件和服务节点来扩展性能和负载能力。不但如此，对于需要提供 24 h 不间断服务的网站来说，数据库系统升级和扩展都非常困难，往往需要停机维护和数据迁移，所以上述的这些问题和挑战都在催生新型数据库技术的诞生。

从应用的构建架构角度出发，我们可以将数据库归纳为 OldSQL 数据库、NoSQL 数据库和 NewSQL 数据库。OldSQL 数据库是指传统的关系数据库，NoSQL 数据库是指非结构化数据库，而 NewSQL 数据库是介于 OldSQL 数据库和 NoSQL 数据库两者之间的数据库。其中 OldSQL 数据库适用于事务处理应用，NewSQL 数据库适用于数据分析应用，NoSQL 数据库适用于互联网应用。三种类型数据库的功能如图 3-37 所示。

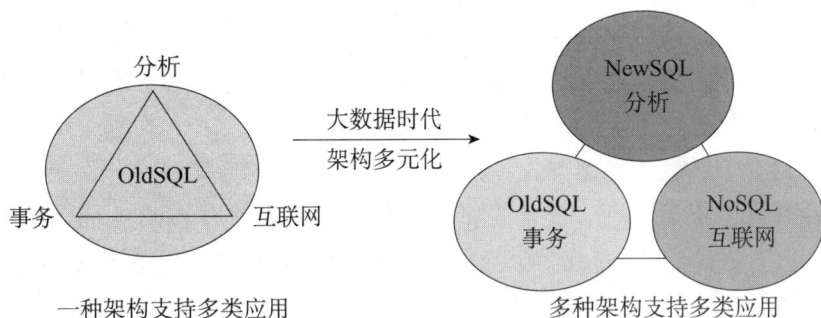

图 3-37　三种类型数据库的功能

3.5.1　NoSQL 数据库

NoSQL 是 Not Only SQL 的英文简写，是不同于传统的关系型数据库的数据库管理系统的统称。NoSQL 出现于 1998 年，主要指非关系型、分布式、不提供 ACID[①] 特性的数据库设计

---

① ACID：数据库事务正确执行的四个基本要素的缩写，包含原子性（Atomicity）、一致性（Consistency）、隔离性（Isolation）、持久性（Durability）。

模式。NoSQL 强调键值存储和文档存储数据库。

NoSQL 数据库代表了一系列的、不同类型的相互关联的数据存储与处理的技术的集合。NoSQL 数据库与 SQL 数据库显著的区别是 NoSQL 数据库不使用 SQL 作为查询语言，其数据存储不使用固定的表格模式，具有横向可扩展性的特征。

（1）NoSQL 数据库的特点如下。

①运行在 PC 服务器集群上。

②不需要预定义数据模式和预定义表结构。

③无共享架构，将数据划分后存储在各个本地服务器上。因为从本地硬盘读取数据的性能往往好于通过网络传输读取数据的性能，从而提高了系统的性能。

④将数据进行分区，分散存储在多个节点，并且在分区的同时还要做复制，这样既提高了并行性能，又可以避免单点失效的问题。

⑤设计了透明横向扩展，可以在系统运行的时候动态增加或者删除节点，其不需要停机维护，数据可以自动迁移。

⑥保证最终一致性。

（2）NoSQL 数据库的主要存储方式。在 NoSQL 数据库中，最常用的存储方式有文档式存储、列式存储、键值式存储、对象式存储、图形式存储和 XML（Extensible Markup Language，可扩展标记语言）存储等，其中键值式存储和文档式存储是最常用的存储方式。

①键值式存储方式。键值式存储方式是 NoSQL 数据库中最常用的存储方式，键表示地址，值为被存储的数据。这种存储方式具有极高的并发读写性能，可以分为临时型、永久型和混合型三种形式。临时型键值式存储方式是将所有的数据都保存在内存中，这样存储和读取的速度快，但数据会丢失。在永久型存储方式中，数据保存在硬盘中，读取的速度慢。混合型键值式存储方式集合了临时型键值式存储方式和永久型键值式存储方式的特点，并进行了折中处理。其首先将数据保存在内存中，在满足特定条件如默认为 15 min 内 1 个以上，或 5 min 内 10 个以上，或 1 min 内 10 000 个以上的键发生变更的时候将数据写入硬盘中。

②文档式存储方式。文档式存储方式支持对结构化数据的访问，但与关系模型不同的是文档式存储方式没有强制的架构。

文档式存储以封包键值对的方式进行存储。文档式存储方式的 NoSQL 数据库主要由文档、集合、数据库组成，其意义如下。

a. 文档相当于关系数据库中的一条记录。

b. 多个文档组成一个集合，集合相当于关系数据库的表。

c. 将多个集合在逻辑上组织在一起就是数据库。

例如，文档数据库（MongoDB）中的一个文档为

```
{
"name":"zhang",
"scores":[75,99,87.2]
}
```

3.5.2　NewSQL 数据库

NewSQL 数据库是指各种新型的可扩展/高性能数据库，这类数据库不仅具有 NoSQL 数据库对海量数据的存储管理能力，还保持了传统数据库的 ACID 和 SQL 等特性。NewSQL 数据库是对传统数据库的挑战。

传统数据库的数据类型是整数、浮点数等，但 NewSQL 数据库的数据类型还包括了整个文件。

NewSQL 系统是全新的数据库平台，主要有下述两种架构。一种架构是数据库工作在一个分布式集群的节点上，其中每个节点拥有一个数据子集，其将 SQL 查询分成查询片段发送给自己所在的数据的节点上执行，可以通过添加节点来线性扩展。另一种架构是数据库系统有一个单一的主节点的数据源，有一组节点用来做事务处理，这些节点接到特定的 SQL 查询后，将把它所需的所有数据从主节点上取回来后执行 SQL 查询，再返回结果。

3.5.3　不同数据库架构混合应用模式

对于一些复杂的应用场景，单一数据库架构不能完全满足应用场景对大量结构化和非结构化数据的存储管理、复杂分析、关联查询、实时性处理和控制建设成本等多方面的需要，因此，不同数据库架构混合部署成为满足复杂应用的必然选择，其可以概括为 OldSQL + NewSQL、OldSQL + NoSQL、NewSQL + NoSQL 三种混合模式。

（1）OldSQL + NewSQL 混合模式。采用 OldSQL + NewSQL 混合模式构建数据中心，可以发挥 OldSQL 的事务处理能力和 NewSQL 在实时性、复杂分析、即席查询等方面的优势，以及面对海量数据时较强的扩展能力，OldSQL 与 NewSQL 功能互补。

（2）OldSQL + NoSQL 混合模式。OldSQL + NoSQL 混合模式能够很好地解决互联网大数据应用对海量结构化和非结构化数据进行存储和快速处理的需求。OldSQL 负责高价值密度结构化数据的存储和事务型处理，NoSQL 负责存储和处理海量非结构化的数据和低价值密度结构化数据。

（3）NewSQL + NoSQL 混合模式。在行业大数据中应用 NewSQL + NoSQL 混合模式，NewSQL 承担高价值密度结构化数据的存储和分析处理工作，NoSQL 承担存储和处理海量非结构化数据。

NewSQL、NoSQL 和 OldSQL 三种类型数据库的性能比较与分布、数据价值密度和数据管理能力方面的差异和分布情况如图 3 - 38 所示。

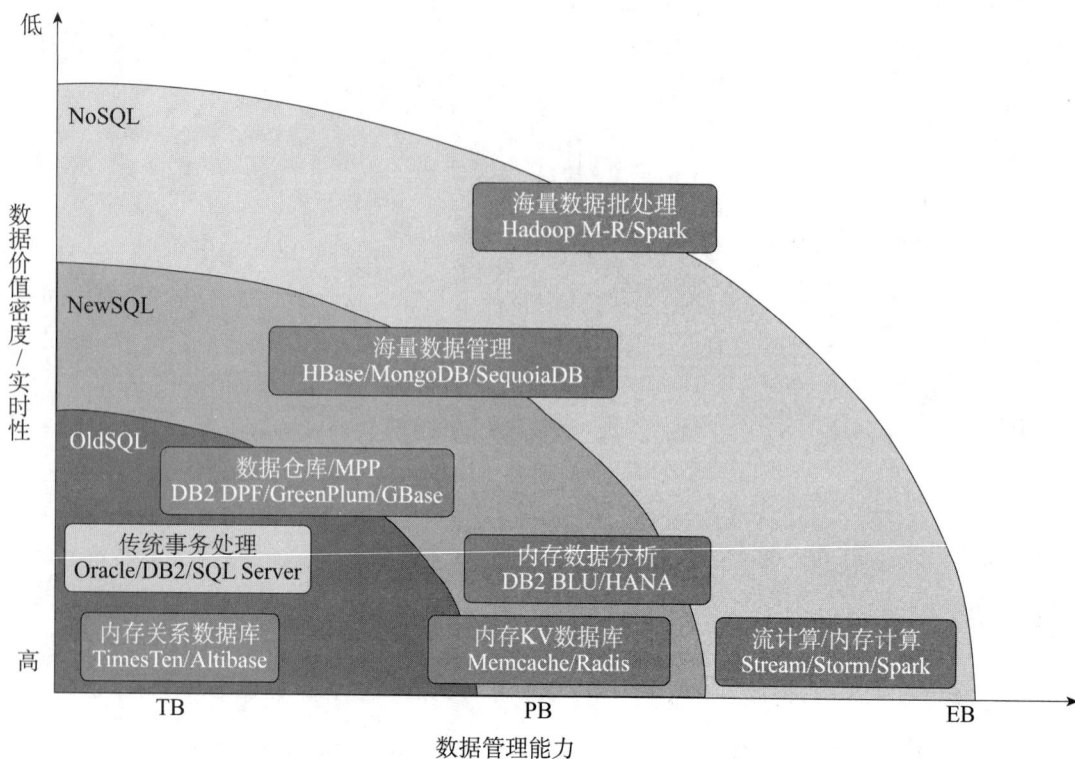

图 3-38　NewSQL、NoSQL 和 OldSQL 三种类型数据库的性能比较与分布、
数据价值密度和数据管理能力方面的差异和分布情况

本章小结

　　大数据的获取与存储是大数据技术的重要一环。本章主要系统地介绍了大数据的获取、存储与管理技术，对常用的存储模型、NewSQL 和 NoSQL、分布式文件系统等内容作了概括性介绍。

习　题

一、选择题

1. 数据获取与存储管理是大数据处理周期的第（　　）步。

　　A. 1　　　　　　　　B. 2　　　　　　　　C. 3　　　　　　　　D. 5

2. 奈奎斯特采样定理指出采样频率应该大于信号中最高频率的（　　）倍时，采样之后的数字信号才能够完整地保留原始信号中的信息。

　　A. 2　　　　　　　　B. 4　　　　　　　　C. 6　　　　　　　　D. 3

3. 网站内部数据主要有（　　）和（　　）。

　　A. 日志数据　　　　B. 寄存器数据　　　C. 数据库数据　　　D. 内存数据

4. 网页数据是（　　　）。

  A. 网站外部数据　　B. 日志数据　　　　C. 网站内部数据　　D. 高速缓存数据

5. OldSQL 适用于（　　　），NewSQL 适用于（　　　），NoSQL 适用于（　　　）。

  A. 事务处理应用　　B. 日志数据存储　　C. 数据分析应用　　D. 互联网应用

6. （　　　）是 NoSQL 数据库中最常用的存储方式。

  A. 键值存储方式　　　　　　　　　B. 按地址存储方式

  C. 图存储方式　　　　　　　　　　D. 列表存储方式

7. 网络爬虫流程主要分为（　　　）、（　　　）和（　　　）三部分。

  A. 存储数据　　　　B. 寻找网址　　　　C. 解析网页　　　　D. 获取网页

8. 在 NewSQL + NoSQL 混合模式中，NewSQL 承担高价值密度（　　　）的存储和分析处理工作，NoSQL 承担存储和处理海量（　　　）。

  A. 半结构化数据　　B. 非结构化数据　　C. 结构化数据　　D. 分布式存储与计算

二、判断题

1. 传统数据获取与大数据获取方式相同。（　　　）

2. 科学大数据的重要特点之一是有一定的科学规律可循。（　　　）

3. 网站内部数据与网站本身最为密切相关的数据是网站分析最常用的数据来源。（　　　）

4. 网络数据获取是指通过网络爬虫等方式从网站上获取数据信息的过程，这样可将非结构化数据、半结构化数据从网页中提取出来，并以非结构化的方式将其存储为统一的本地数据文件。（　　　）

5. OldSQL + NoSQL 混合模式能够很好地解决互联网大数据应用对海量结构化和非结构化数据进行存储和快速处理的需求。（　　　）

6. 采用 NoSQL + NewSQL 混合模式构建数据中心，可以发挥 NoSQL 数据库的事务处理能力和 NewSQL 在实时性、复杂分析、即席查询等方面的优势，以及面对海量数据时较强的扩展能力。（　　　）

实验 3　网页数据获取

  数据获取是数据生命周期中的第一个环节，数据抽取过程是搜索全部数据源，按照某种标准选择合乎要求的数据，并将其进行适当的格式转换之后，传送到目的地中存储。为了克服被抽取的数据源分布广泛、异构、非结构化等问题，数据抽取技术和抽取工具应运而生。学习数据科学与大数据技术不仅需要掌握其理论，更重要的是能够运用工具和方法来完成数据的获取。

  1. 实验目的

  通过网页数据获取的实验，学生可以理解网络爬虫的工作过程，掌握网页数据获取的方法，并能够灵活运用，进而解决网页数据获取的实际问题。

2. 实验要求

理解爬虫软件的原理与方法，独立完成网页数据获取的实验，主要内容如下。

（1）前嗅 ForeSpider 爬虫软件安装。

（2）选择频道。

（3）网页数据采集过程。

3. 实验内容

（1）制订实验计划。

（2）完成爬虫软件安装。

（3）选择网页。

（4）完成爬虫软件数据采集过程。

4. 实验总结

通过本实验，使学生了解爬虫软件的特点、总体结构和分类，理解爬虫软件程序的执行过程，掌握应用爬虫软件获取网页数据的方法。

5. 思考拓展

（1）结合爬虫软件的结构说明其主要功能。

（2）通过举例，说明 csv 格式文件的特点。

（3）应用前嗅 ForeSpider 爬虫软件能够采集非结构化数据吗？为什么？

（4）我们能够在网络上爬取什么数据？

第4章 大数据抽取与清洗技术

知识结构图

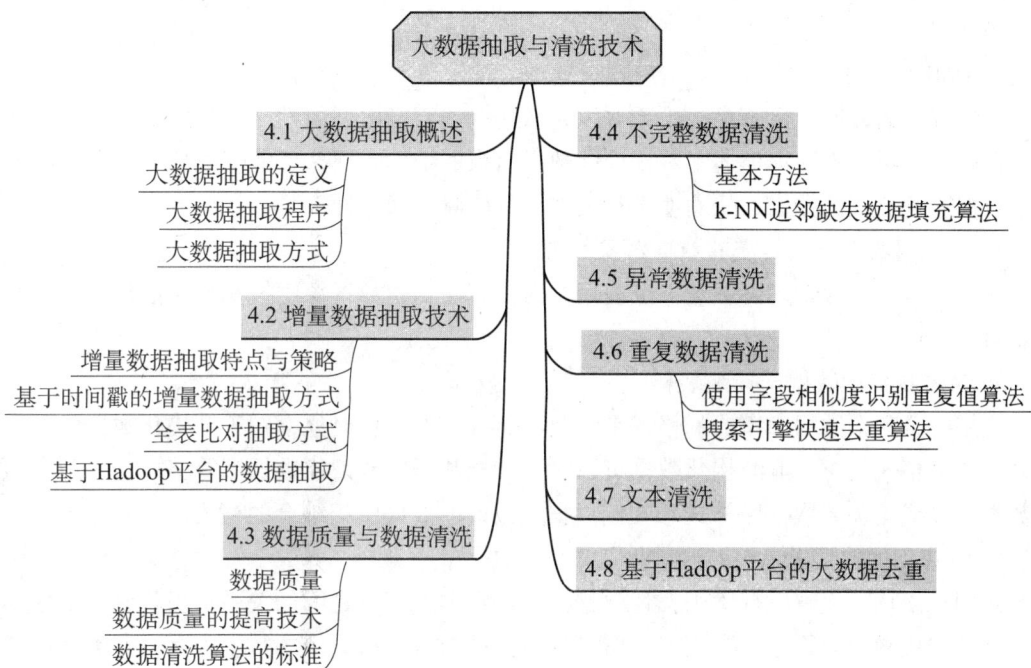

学习目标

- 掌握：大数据抽取方式、数据质量、不完整数据清洗。
- 理解：增量数据抽取特点与策略、异常数据清洗、重复数据清洗。
- 了解：文本清洗。

4.1 大数据抽取概述

数据获取阶段已经将采集的数据存储于各种类型的存储系统中，应用抽取技术可以将需要分析的相关数据提取出来。

4.1.1 大数据抽取的定义

大数据抽取过程是搜索全部数据源，按照某种标准选择合乎要求的数据，并将被选中的数据传送到目的地中存储。简单地说，大数据抽取过程就是从数据源中抽取数据并传送到目的地数据系统中的过程。数据源可以是关系型数据库或非关系型数据库，数据可以是结构化数据、非结构化数据和半结构化数据。在大数据抽取之前，需要清楚数据源的类型和数据的类型，以便根据不同的数据源和数据类型而采取不同的抽取策略与方法。

4.1.2 大数据抽取程序

我们将完成大数据抽取的程序称为大数据抽取程序，又称为包装器。构建大数据抽取程序的条件如下。

1. 抽取数据对象的类型

数据源中的数据对象繁多、千差万别，从简单的字符串到线性表、树形结构和有向图结构等。如果在数据模型中描述了数据源中数据对象的结构，那么就能使大数据抽取程序抽取任意数据对象类型的数据，从而使大数据抽取程序具有通用性。

2. 在数据源中寻找所需的数据对象的方法

我们可以应用搜索规则驱动一个通用的搜索算法，在数据源中搜索与抽取规则相匹配的数据对象。

3. 为已找到的数据选择组装格式

应用符合某个数据库模式的格式来组装已经找到的数据对象，对于结构化数据可以使用关系数据库格式，对于非结构化数据可以利用文档数据库或键值数据库等格式，对于半结构化数据可以应用关系数据库格式和文档数据库或键值数据库相结合的格式。

4. 将找到的数据对象组装到数据库中的方法

我们可以用一组映射规则来描述数据类型与数据库字段之间的关系，当找到一个数据对象之后，先用映射规则根据数据对象所属的数据类型找到所对应的数据库字段，然后将这些数据对象组装在这个字段中。

5. 生成和维护大数据抽取过程所需的元数据

元数据是大数据抽取模型、抽取规则、数据库模式和映射规则的参数，元数据能够使抽取和组装算法正常工作。在数据仓库系统中的元数据定义为数据仓库管理和有效使用的任何信息。一个数据源需要用一套元数据进行描述，由于数据集成系统包含大量数据源和元数据，所以维护这些元数据的工作量巨大。

6. 一般不单独设计组装算法

一般不单独设计组装算法，而是设计能够完成数据抽取与组装功能的算法。

4.1.3 大数据抽取方式

不同的数据类型的源和目标抽取方法不同，常用的大数据抽取方法简述如下。

1. 同构同质数据抽取

同构同质数据库是指同一类型的数据模型、同一型号的数据库系统。如 MySQL 数据库与 SQL Server 数据库是同构同质数据库。如果数据源与组装的目标数据库系统是同构同质的，那么目标数据库服务器和原业务系统之间在建立直接的链接关系之后，就可以利用结构化查询语言的语句访问，进而实现数据迁移。

2. 同构异质数据抽取

同构异质数据库是指同一类型的数据模型、不同型号的数据库系统。如果数据源组装的目标数据库系统是同构异质的，对于这类数据源可以通过 ODBC（Open Database Connectivity，开放数据库连接）的方式建立数据库连接，如 Oracle 数据库与 SQL Server 数据库可以建立 ODBC 连接。

3. 文件型数据抽取

如果抽取的数据在文件中，可以有结构化数据、非结构化数据与半结构化数据。如果是非结构化数据与半结构化数据，那么就可以利用数据库工具以文件为基本单位，将这些数据导入指定的数据库，然后借助工具从这个指定的文档数据库完成抽取。

4. 全量数据抽取

全量数据抽取类似于数据迁移或数据复制，它将数据源中的表或视图的数据原封不动地从数据库中抽取出来，并转换成抽取工具可以识别的格式。

5. 增量数据抽取

当源系统的数据量巨大时，或在实时的情况下装载业务系统的数据时，实现完全数据抽取几乎不太可能，为此可以使用增量数据抽取。增量数据抽取是指在进行数据抽取操作时，只抽取数据源中发生改变的数据，没有发生变化的数据不再进行重复抽取。我们也可将增量数据抽取看作时间戳方式，抽取一定时间戳前所有的数据。

4.2 增量数据抽取技术

要实现增量数据抽取，关键是如何准确快速地捕获变化的数据。增量数据抽取机制能够将业务系统中的变化数据按一定的频率准确地捕获到，同时不能对业务系统造成太大的压力，也不能影响现有业务。相对全量数据抽取，增量数据抽取的设计更复杂。

4.2.1 增量数据抽取特点与策略

1. 增量数据抽取特点

（1）只抽取发生变化的数据。

（2）相对于全量数据抽取更为快捷，处理量更少。

（3）采用增量数据抽取需要与数据装载时的更新策略相对应。

2. 增量数据抽取策略

（1）时间戳：扫描数据记录的更改时间戳，比较时间戳来确定被更新的数据。

（2）增量文件：扫描应用程序在更改数据时所记录的数据变化增量文件，增量文件是指数据所发生的变化的文件。

（3）日志文件：日志文件与增量文件一样，日志文件的目的是实现恢复机制，因此，日志文件记载了各种操作的影响。

（4）修改应用程序代码：修改应用程序代码以产生时间戳、增量文件、日志等信息，或直接推送更新内容，达到增量更新目标数据的目的。

（5）快照比较：在每次抽取前首先对数据源建立快照，并将该快照与上次抽取时建立的快照相互比较，以确定对数据源所做的更改，并逐表、逐个记录进行比较，抽取相应更改内容。

在数据抽取中，根据转移方式的不同，可以将数据转移分为两个阶段，即初始化转移阶段和增量转移阶段。初始化转移阶段采用全量抽取的方式，增量转移阶段按照上述的增量数据抽取方式进行有选择的抽取。

4.2.2　基于时间戳的增量数据抽取方式

1. 时间戳方式

时间戳是能表示一份数据在某个特定时间之前已经存在的、完整的、可验证的一个数据，其通常是一个字符序列，唯一标识某一刻的时间。时间戳方式是一种基于快照比较的变化数据捕获方式，在原表上增加一个时间戳字段，当系统中更新修改表数据时，同时也会修改时间戳字段的值。当进行数据抽取时，系统通过比较上次抽取时间与时间戳字段的值来决定抽取数据。有的数据库的时间戳支持自动更新，即表的其他字段的数据发生改变时，其自动更新时间戳字段的值。有的数据库不支持时间戳的自动更新，在更新业务数据时，需要手工更新时间戳字段。

时间戳方式的优点是性能优异，系统设计清晰，数据抽取相对简单，可以实现数据的递增加载。时间戳方式的缺点是需要由业务系统来完成时间戳的维护，对业务系统需要加入额外的时间戳字段，特别是对不支持时间戳的自动更新的数据库，还要求业务系统进行额外的更新时间戳操作。此外，时间戳方式无法捕获对时间戳以前数据的删除和刷新操作，在数据准确性上受到了一定的限制。

2. 基于时间戳的数据转移

时间戳方式是指增量数据抽取时，抽取进程通过比较系统时间与抽取源表的时间戳字段的值来决定抽取哪些数据。这种方式需要在源表上增加一个时间戳字段，当系统中更新修改表数据时，同时修改时间戳字段的值。

当需要抽取一定时间戳前的所有数据时，可以采用基于时间戳的增量数据抽取方式，如图4-1所示。

4.2.3　全表比对抽取方式

全表比对抽取方式是指在增量数据抽取时，逐条比较源表和目标表的记录，将新增和修

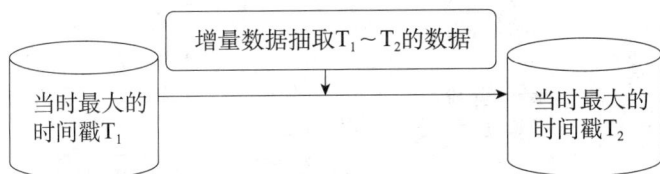

图 4-1　基于时间戳的数据转移

改的记录读取出来。优化之后的全表比对抽取方式采用 MD5（Message Digest Algorithm，消息摘要算法）校验码，需要事先为要抽取的表建立一个结构类似的 MD5 临时表，该临时表记录源表的主键值以及根据源表所有字段的数据计算出来的 MD5 校验码，每次进行数据抽取时，对源表和 MD5 临时表进行 MD5 校验码的比对，如果不同，则进行刷新操作。如目标表没有存在该主键值，表示该记录还没有被抽取，则进行插入操作，然后还需要对在源表中已不存在而目标表仍保留的主键值执行删除操作。

当下载文件之后，如果需要知道下载的这个文件与网站的原始文件是否相同，就需要给下载的文件做 MD5 校验。如果得到的 MD5 值和网站公布的值相同，可确认下载的文件完整。如有不同，说明下载的文件不完整。其原因可能是在网络下载的过程中出现错误，或此文件已被别人修改。为防止他人在更改该文件时放入病毒，应不使用不完整文件。

当用 E-mail 给好友发送文件时，可以将要发送文件的 MD5 值告诉对方，这样好友收到该文件以后即可对其进行校验，以确定文件是否安全。又如在刚安装好系统后可以给系统文件做 MD5 校验，过一段时间后如果怀疑某些文件被人换掉，那么就可以给那些被怀疑的文件做 MD5 校验，如果与从前得到的 MD5 校验码不相同，那么就可以肯定出现了问题。

MD5 方式的优点是对源系统的倾入性较小（仅需要建立一个 MD5 临时表），但缺点也是显而易见的。与触发器和时间戳方式中的主动通知不同，MD5 方式是被动地进行全表数据的比对，其性能较差。当表中没有主键或唯一列且含有重复记录时，MD5 方式的准确性较差。

4.2.4　基于 Hadoop 平台的数据抽取

系统将存储在关系型数据库中的数据抽取出来之后，存储于 HDFS 中。首先将关系型数据库中的数据抽取出来并以中间格式（如 TextFile）导入 Hadoop 大数据平台，然后将其导入 HDFS 中，如图 4-2 所示。

（1）首先，确定有一份大数据量输入。

（2）通过分片操作之后，变成了若干的分片（Split），每个分片交给一个 Map 处理。

（3）Map 处理完后，TaskTracker 把数据进行复制和排序，然后通过输出的 key 和 value 进行划分，并把相同的 Map 输出，合并为相同的 Reduce 的输入。

（4）Reduce 通过处理输出数据，每个相同的 key 一定在一个 Reduce 中处理完，每个

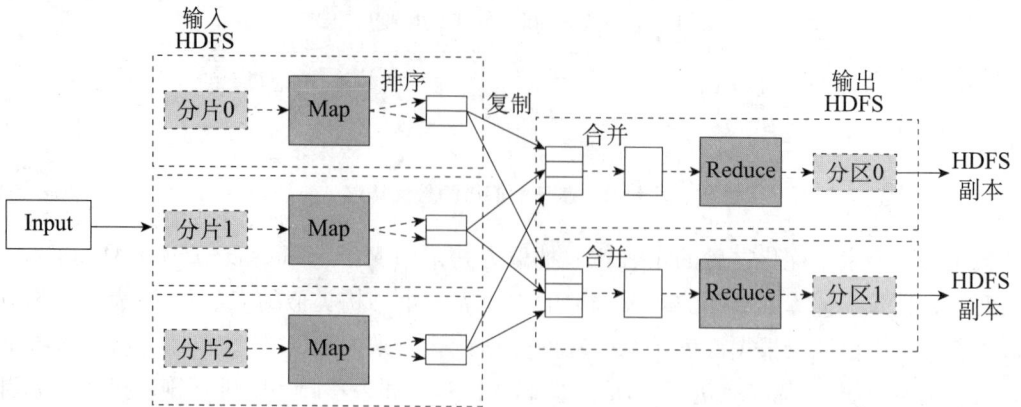

图 4-2　MapReduce 分布计算的过程

Reduce 至少对应一份输出。

结合图 4-3，以获得每年的最高气温为例，说明 MapReduce 分布计算的过程。

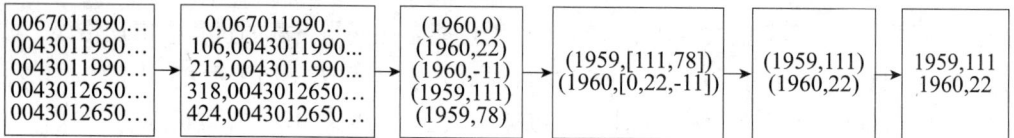

图 4-3　计算每年的最高气温

（1）输入的数据可能就是一堆文本。

（2）Map 解析每行数据，然后提取有效的数据作为输出。这个例子是从日志文件中抽取每年每天的气温，再计算每年的最高气温。

（3）Map 的输出就是一条一条的（key，value）。

（4）通过 shuffle 之后，输入 Reduce，这是相同的 key 对应的 value 被组合成了一个迭代器。

（5）Reduce 的任务是提取每年的最高气温，然后输出。

4.3　数据质量与数据清洗

数据清洗是数据预处理的重要部分，其主要工作是检查数据的完整性及数据的一致性，对其中的噪声数据进行平滑，对丢失的数据进行填补，以及对重复的数据进行消除等。通过数据清洗之后的数据是具有较高质量的数据，为后续的分析与挖掘奠定了基础。

4.3.1　数据质量

数据是信息的载体，高质量的数据是通过数据分析获得有意义结果的基本条件。提高数据质量涉及统计学、人工智能和数据库等多个领域。

1. 数据质量定义与表述

数据质量是数据适合使用的程度，也是数据满足特定用户期望的程度。

我们利用准确性、完整性、一致性和及时性来描述数据质量，通常将其称为数据质量的四要素。

（1）数据的准确性。数据的准确性是数据真实性的描述，即对所存储数据的准确程度的描述，数据不准确的表现形式是多样的，如字符型数据的乱码现象、异常大或者异常小的数值、不符合有效性要求的数值等。因为发现没有明显异常错误的数据十分困难，所以对数据准确性的监测也是一项困难的工作。

（2）数据的完整性。完整性是数据质量最基础的保障，在源数据中，设计人员可能由于疏忽或保密因素而无法得到某些数据项的数据。假如这个数据项正是知识发现系统所关心的数据，那么对这类不完整的数据就需要填补缺失的数据。缺失数据可分为两类：一类是这个值实际存在但是没有被观测到，另一类是这个值实际上根本就不存在。

（3）数据的一致性。数据的一致性主要包括数据记录规范的一致性和数据逻辑的一致性。

①数据记录规范的一致性。数据记录规范的一致性主要是指数据编码和格式的一致性，例如，网站的用户 ID 是 15 位数字，商品 ID 是 10 位数字，商品包括 20 个类目，以及 IP 地址一定是用"."分隔的 4 个 0~255 的数字组成等情况，其都遵循确定的规范，所定义的数据也遵循确定的规范约束，如完整性的非空约束、唯一值约束等。这些规范与约束使得数据记录有统一的格式，进而保证了数据记录的一致性。

②数据逻辑的一致性。数据逻辑的一致性主要是指标统计和计算的一致性，如 PV（Page View，页面浏览量）≥UV（Unique Visitor，独立访客访问数），新用户比例为 0~1 等。具有逻辑上不一致性的答案可能以多种形式出现，例如，许多调查对象说自己开车去学校，但又说没有汽车；或者调查对象说自己是某品牌的重度购买者和使用者，但同时又在熟悉程度量表上给了很低的分值。

在数据质量中，保证数据逻辑的一致性比较重要，但也是比较复杂的工作。

（4）数据的及时性。数据从产生到可以检测的时间间隔称为数据的延时时间。虽然分析数据的实时性要求并不是太高，但是如果数据的延时时间需要两三天，或者每周的数据分析结果需要两周后才能出来，那么分析的结论可能已经失去了时效性。如果某些实时分析和决策需要用到延时时间为小时或者分钟级的数据，这时对数据的时效性要求就更高，所以及时性也是衡量数据质量的重要因素之一。

2. 数据质量的提高策略

我们可以从不同的角度来提高数据质量，下面主要介绍两种策略。

（1）基于数据的整个生命周期的数据质量提高策略。

①从预防的角度考虑，在数据生命周期的任何一个阶段都应有严格的数据规划和约束来防止脏数据的产生。

②从事后诊断的角度考虑，由于数据的演化或集成，脏数据逐渐涌现，需要应用特定的

算法检测出现的脏数据。

（2）基于相关知识的数据质量提高策略。

①提高策略与特定业务规则无关，如数据拼写错误、某些缺失值处理等，这类问题的解决与特定的业务规则无关，可以从数据本身寻找特征来解决。

②提高策略与特定业务规则相关，相关的领域知识是消除数据逻辑错误的必需条件。

由于数据质量问题涉及多方面，成功的数据质量提高方案必然需要综合应用上述各种策略。目前，数据质量的研究主要围绕数据质量的评估和监控，以及从技术的角度保证和提高数据质量。

4.3.2 数据质量的提高技术

数据质量的提高技术可以分为实例层和模式层两个层次。从数据质量提高技术的角度出发，我们主要关注数据实例层的问题。数据清洗是主要技术，其目的是消除脏数据，主要消除异常数据、清除重复数据、保证数据的完整性等，进而提高数据的可利用性。数据清洗的过程是指通过分析脏数据产生的原因和存在形式，构建数据清洗的模型和算法来完成对脏数据的清除，进而实现将不符合要求的数据转化成满足数据应用要求的数据，为数据分析与建模建立基础。

基于数据源数量的考虑，我们将数据质量问题分为单数据源的数据质量问题和多数据源的数据质量问题，并进一步分为模式和实例两个方面，如图4-4所示。

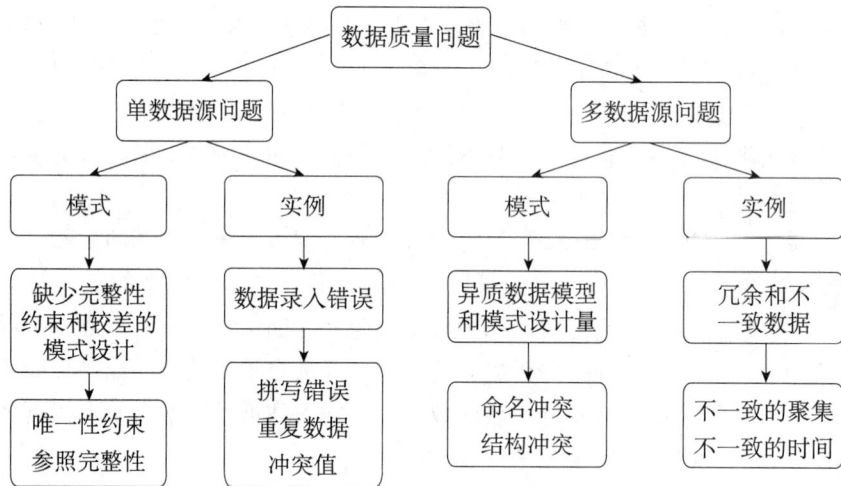

图4-4　数据质量分类

1. 单数据源的数据质量问题

单数据源的数据质量问题可以分为模式层和实例层两类问题。

（1）模式层。一个数据源的数据质量取决于控制这些数据的模式设计和完整性约束。例如，文件就是由于对数据的输入和保存没有约束，进而可能造成错误和不一致。因此，出现与模式相关的数据质量问题是缺乏合适的特定数据模型和特定的完整性约束造成的。如字段出现了不合法值，超出值域范围；记录违反属性依赖；数据源违反参照完整性等。

（2）实例层。与特定实例问题相关的错误和不一致错误，如拼写错误，就不能在模式层得到预防。不唯一的模式层约束不能防止重复的实例，如同一现实实体的记录可能以不同的字段值输入两次。

2. 多数据源的数据质量问题

在多数据源的情况下，上述问题表现得更为严重，这是因为每个数据源都是为了特定的应用而单独开发、部署和维护的，进而导致了数据管理、数据模型、模式设计和产生的实际数据的不同。每个数据源都可能包含脏数据，而且多个数据源中的数据可能出现不同的表示、重复和冲突等。

（1）模式层。在模式层，模式设计的主要问题是命名冲突和结构冲突。

①命名冲突。命名冲突主要表现为不同的对象使用同一个命名和同一对象可能使用多个命名。

②结构冲突。结构冲突存在许多不同的情况，一般是指不同数据源中同一对象有不同的表示，如不同的组成结构、不同的数据类型、不同的完整性约束等。

（2）实例层。除了模式层冲突，也出现了许多实例层冲突，即数据冲突。

①由于不同的数据源中的数据表示可能不同，单数据源中的问题在多数据源中都可能出现，如重复记录、冲突的记录等。

②在整个数据源中，尽管有时在不同的数据源中有相同的字段名和类型，但仍可能存在不同的数值表示。如对性别的描述，数据源 A 中可能用 0/1 来描述，数据源 B 中可能用 F/M 来描述；对一些数值的不同表示，数据源 A 可能采用美元作为度量单位，数据源 B 可能采用欧元作为度量单位。

③不同数据源中的信息可能表示在不同的聚集级别上，如一个数据源中的信息可能指的是每种产品的销售量，而另一个数据源中的信息可能指的是每组产品的销售量。

3. 实例层数据清洗

数据清洗主要研究如何检测并消除脏数据，以提高数据质量。数据清洗的研究主要是从数据实例层的角度考虑来提高数据质量，如图 4-5 所示。

4.3.3　数据清洗算法的标准

数据清洗是一项与各领域密切相关的工作，由于各领域的数据质量不一致，充满复杂性，所以还没有形成通用的国际标准，只能根据不同的领域制定不同的清洗算法。数据清洗算法的衡量标准主要包含以下几方面。

（1）返回率。返回率是指重复数据被正确识别的百分率。

（2）错误返回率。错误返回率是指错误数据占总数据记录的百分比。

（3）精确度。精确度是指通过算法识别出的重复记录中的正确的重复记录所占的百分

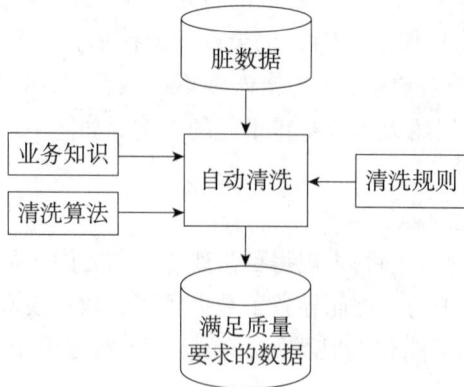

图 4 - 5　数据清洗

比，计算方法如下：

$$精确度 = 100\% - 错误返回率$$

4.4　不完整数据清洗

不完整数据清洗是指对缺失值的填补，准确填补缺失值与填补算法密切相关，这里介绍常用的不完整数据的清洗方法。

4.4.1　基本方法

1. 删除对象方法

如果在信息表中含有缺失信息属性值的对象（元组、记录），那么将缺失信息属性值的对象删除，从而得到一个不含有缺失值的完备信息表。这种方法虽然简单易行，但只是在被删除的含有缺失值的对象与信息表中的总数据量相比非常小的情况下才有效。

2. 数据补齐方法

数据补齐方法是用某值去填充空缺值，从而获得完整数据的方法。通常基于统计学原理，根据决策表中其余对象取值的分布情况来对一个缺失值进行填充，如用其余属性的平均值或中位值来进行填充，也可以用特殊值填充、平均值填充、就近补齐和 k-NN 近邻缺失数据填充等。

4.4.2　k-NN 近邻缺失数据填充算法

1. 算法的基本思想

k-NN 近邻缺失数据填充算法是一种简单快速的算法，它利用本身具有完整记录的属性值实现对缺失属性值的估计。

（1）设 k-NN 分类的训练样本用 n 维属性描述，每个样本代表 n 维空间的一个点，所有的训练样本都存放在 n 维空间中。

（2）给定一个未知样本，通过 k-NN 分类搜索模式空间，找出最接近未知样本的 k 个训练样本。这表明 k 个训练样本是未知样本的 k 个近邻。近邻性用欧氏距离定义，二维平面上两点 $a(x_1,y_1)$ 与 $b(x_2,y_2)$ 间的欧氏距离计算如下：

$$d_{12} = \sqrt{(x_1 - x_2)^2 + (y_1 - y_2)^2}$$

三维空间两点 $a(x_1,y_1,z_1)$ 与 $b(x_2,y_2,z_2)$ 间的欧氏距离计算如下：

$$d_{12} = \sqrt{(x_1 - x_2)^2 + (y_1 - y_2)^2 + (z_1 - z_2)^2}$$

两个 n 维向量 $a(x_{11},x_{12},\cdots,x_{1n})$ 与 $b(x_{21},x_{22},\cdots,x_{2n})$ 间的欧氏距离计算如下：

$$d_{12} = \sqrt{\sum_{k=1}^{n}(x_{1k} - x_{2k})^2}$$

也可以使用向量运算的形式：

$$d_{12} = \sqrt{(a - b)(a - b)^T}$$

（3）设 z 是需要测试的未知样本，所有的训练样本 $(x,y) \in D$，未知样本的最近邻样本集设为 D_z。

2. 算法的计算步骤

（1）k 是最近邻样本的个数，D 是训练样本集，通过对数据做无量纲处理（标准化处理）来消除量纲对缺失值清洗的影响。通过原始数据的线性变换，使结果映射到 $[0,1]$ 区间。

对序列 $x_1,x_2,\cdots,x_n$ 进行变换：

$$y_i = \frac{x_i - \min_{1 \leqslant j \leqslant n}\{x_j\}}{\max_{1 \leqslant j \leqslant n}\{x_i\} - \min_{1 \leqslant j \leqslant n}\{x_j\}}$$

则新序列 $y_1,y_2,\cdots,y_n \in [0,1]$ 且无量纲。一般的数据需要时都可以考虑先进行规范化处理。

（2）计算未知样本与各个训练样本 (x,y) 之间的距离 d，得到距离样本 z 最近邻的 k 个训练样本集 D_z。

（3）当确定了测试样本的 k 个近邻后，就根据这 k 个近邻相应的字段值的均值来替换该测试样本的缺失值。

3. 采集数据缺失值填充举例

在数据采集过程中，由于数据产生环境复杂，缺失值的存在不可避免。例如，表 4-1 是一组带有缺失值的采集数据集，可以发现序号 2 及序号 4 在字段 1 上存在缺失值，即出现了 "—"，在数据集较大的情况下，往往对含缺失值的数据记录做丢弃处理，也可以使用上述的 k-NN 近邻缺失数据填充算法来填充这一缺失值。

表 4-1　一组带有缺失值的采集数据集

序号	字段 1	字段 2	字段 3
1	86	7300 487	73
2	—	4 013 868	67

续表

序号	字段1	字段2	字段3
3	189	173 228 617	75
4	—	15 300 886	64
5	66	16 186 008	69
6	151	17 015 021	69
7	203	19 464 726	63
8	128	2 089 545	64
9	400	4 555 990	69
10	303	49 001 008	69
…	…	…	…
9 547	87	9 286 467	63
9 548	388	17 339 129	130

（1）首先对这个数据集各个字段值做非量纲化，消除字段间单位不统一的影响，得到标准化的数据矩阵，见表4－2。

表4－2　非量纲化的采集数据集

序号	字段1	字段2	字段3
1	4.12E－05	0.139 455	2.58E－06
2	—	0.076 673	2.36E－06
3	9.1E－05	0.331 013	2.65E－06
4	—	0.292 279	2.43E－06
5	3.15E－05	0.309 187	2.22E－06
6	7.26E－05	0.325 023	2.43E－06
7	9.78E－05	0.371 817	2.22E－06
8	6.15E－05	0.973 619	2.25E－06
9	0.000 193	0.371 817	2.43E－06
10	0.000 146	0.936 023	0.000 146
…	…	…	…
9 547	4.16E－05	0.177 391	2.22E－06
9 548	0.000 187	0.331 214	4.62E－06

（2）取 k 值为5，计算序号2与其他不包含缺失值的数据点的距离矩阵，选出欧氏距离最近的5个数据点即 D_5，见表4－3。

表 4 - 3 选出欧氏距离最近的 5 个数据点

序号	欧氏距离（升序）
7 121	3. 54E - 12
3 616	3. 54E - 12
5 288	3. 56E - 12
812	3. 58E - 12
356	3. 58E - 12
…	…

（3）对含缺失值"—"的序号 2 数据做 k-NN 近邻缺失数据填充，用这 5 个近邻的数据点对应的字段均值来填充序号 2 中的"—"值。得到序号 2 的完整数据如下：

| 2 | 58 | 4 013 868 | 67 |

4.5 异常数据清洗

当出现个别数据值偏离预期值或偏离大量统计数据值结果的情况时，如果将这些数据值和正常数据值放在一起进行统计，可能会影响实验结果的正确性，而如果将这些数据简单地删除，又可能忽略了重要的实验信息。数据中异常值的存在十分危险，对后面的数据分析危害巨大，应该重视异常数据的检测，并分析其产生的原因之后做适当的处理。

离群点是一种异常数据。在很多情况下，基于整个记录空间聚类，能够发现在字段级检查中未被发现的孤立点。聚类就是将数据集分组为多个类或簇，在同一个簇中的数据对象（记录）之间具有较高的相似度，而不同簇中的对象差别就比较大。我们将散落在外、不能归并到任何一类中的数据称为离群点或奇异点，对于离群或奇异的异常数据值要进行剔除处理。如图 4 - 6 所示为基于欧氏距离的聚类。

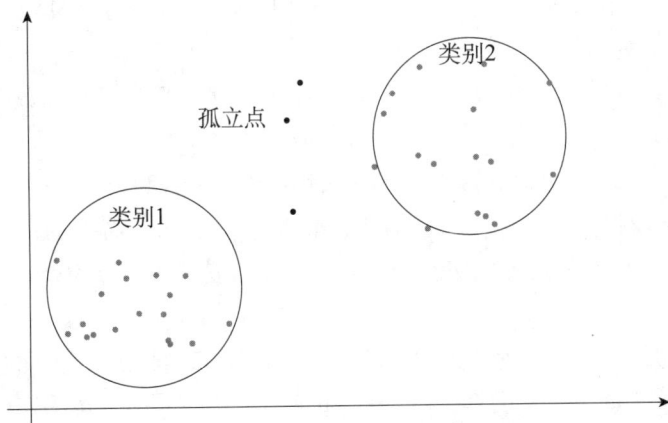

图 4 - 6 基于欧氏距离的聚类

如果一个对象远离大部分点，则为异常情况。这种方法比统计学方法更容易使用，因为确定数据集有意义的邻近性度量比确定它的统计分布更容易。一个对象的离群点得分由到它的 k 最近邻的距离给定。离群点得分对 k 的取值高度敏感，如果 k 太小，则少量的邻近离群点可能导致较低的离群点得分；如果 k 太大，则点数少于 k 的簇中所有的对象可能都成了离群点。为了使该方案对于 k 的选取更具有鲁棒性，可以使用 k 个最近邻的平均距离。

度量一个对象是否远离大部分点的一种最简单的方法是使用到 k 最近邻的距离。离群点得分的最低值是 0，而最高值是距离函数的可能最大值，一般为无穷大。一个对象离群点得分由到它的 k 最近邻的距离给定。

4.6 重复数据清洗

重复数据清洗又称为数据去重。通过数据去重可以减少重复数据，提高数据质量。重复的数据是冗余数据，对于这一类数据应删除其冗余部分。数据清洗是一个反复的过程，只有不断地发现问题、解决问题才能完成数据去重。

去重是指在不同的时间维度内，重复一个行为产生的数据只计入一次。按时间维度去重主要分为按小时去重、按日去重、按周去重、按月去重或按自选时间段去重。例如，按来客访问次数的去重是同一个访客在所选时间段内产生多次访问，只记录该访客的一次访问行为，来客访问次数仅记录为 1。如果选择的时间维度为按天去重，则同一个访客在当日内产生的多次访问，来客访问次数也仅记录为 1。

4.6.1 使用字段相似度识别重复值算法

字段之间的相似度 S 是根据两个字段的内容而计算出的一个表示两字段相似程度的数值，$S \in (0,1)$。S 越小，则两字段相似程度越高，如果 $S = 0$，则表示两字段为完全重复字段。根据字段的类型不同，其计算方法也不相同，主要的计算方法如下。

（1）布尔型字段相似度计算方法：对于布尔型字段，如果两字段相同，则相似度取 0，如果不同，则相似度取 1。

（2）数值型字段相似度计算方法：对于数值型字段，可采用计算数字的相对差异，利用如下公式

$$S(s1,s2) = |\ s1 - s2\ | / (\max(s1,s2))$$

（3）字符型字段相似度计算方法：对于字符型字段，比较简单的一种方法是将进行匹配的两个字符串中可以互相匹配的字符个数除以两个字符串平均字符数，利用如下公式

$$S(s1,s2) = |\ k\ | / ((|\ s1\ | + |\ s2\ |)/2)$$

其中，$|\ s1\ |$ 是字符串 $s1$ 的长度，$|\ s2\ |$ 是字符串 $s2$ 的长度，$|\ k\ |$ 是匹配的字符数。例如，字符串 $s1 = $ "dataeye"，字符串 $s2 = $ "dataeyegrg"，利用字符型字段相似度计算公式得到其相似度

$$S(s1,s2) = 7/((|7|+|10|)/2)$$

通过设定阈值，当字段相似度大于阈值时，表明为重复字段并发出提示，再根据实际业务理解，对重复数据做剔除或其他数据清洗操作。

4.6.2　搜索引擎快速去重算法

根据搜索引擎原理，搜索引擎在创建索引前将对内容进行简单的去重处理。面对数以万计的网页，去重处理页面方法采用了特征抽取、文档指纹生成和文档相似性计算，以下主要介绍前两种方法。

1. 特征抽取

Shingling 算法将文档中出现的连续汉字序列作为一个整体，为了方便后续处理，对这个汉字片段进行哈希计算，形成一个数值，由多个哈希值构成文档的特征集合。

例如，对"搜索引擎在创建索引前将对内容进行简单的去重处理"这句话，采用 4 个汉字组成一个片段，那么这句话就可以被拆分为：搜索引擎、索引擎在、引擎在创、擎在创建、在创建索、创建索引……去重处理。则这句话就变成了由 20 个元素组成的集合 A，另外一句话同样可以由此构成一个集合 B，将 $A \cap B \rightarrow C$，将 $A \cup B \rightarrow D$，则 C/D 的值即为两句话的相似程度。在实际运用中，搜索引擎从效率方面考虑，对算法进行了优化，新的方式被称为 SuperShingle，如果用此方法计算一亿五千万个网页，仅在 3 h 内便可完成。

2. 文档指纹生成

SimHash 算法中采用了文档指纹生成方式以及相似文档查找方式，其从文档内容中抽取一批能代表该文档的特征，并计算出其权值 w。其主要思想是：如果某个词或短语在一篇文章中出现的频率高，并且在其他文章中很少出现，则认为此词或短语具有很好的类别区分能力，适合用来分类。在计算出权值之后，利用一个哈希函数将每个特征映射成固定长度的二进制表示，例如，综合考虑存储成本及数据集的大小而确定为 6 bit 的二进制向量及其权值，则一篇文章就变成如下所示 "100110w1110000w2…001001wn"，这是一个实数向量，其规则为：特征 1 的权值为 w1，如果二进制比特位的值为 1，则记录为 w1，如果值为 0，则记录为 −w1。然后特征 1 就变成了 w1 −w1 −w1w1w1 −w1，其余类推，然后进行简单的相加。

假定有 11、205、−3、−105、1057、505 这几个数值，将大于 0 的值记录为 1，将小于 0 的值记录为 0，则上述的数据就变成了 110011，而这个数据则可称为这篇文章的指纹。如果另一篇文章的指纹为 100011，则二进制数值对应位置的相同的 0 或 1 越少，两篇文章的相似度越高。在实际的运用中可将网页转换为 64 bit 的二进制数值，如果两个网页对应位置相同的 0 或 1 小于等于 3（阈值定为 3），则可以认为两者是近似重复的网页。

4.7　文本清洗

文本由记录组成，可以将整条记录看成一个字符串来计算其相似度，再按某些规则合成得到文本相似度，其基础都是字符串匹配。造成相似重复文本记录的原因有两类：一类是拼写错误引起的，如插入、交换、删除、替换和单词位置的交换；另一类是等价错误，即对同一个逻辑值的不同表述。记录去重的方法是：首先需要识别同一现实实体的相似重复记录，即通过记录匹配过程完成，然后删除冗余的记录。

判定记录是否重复是通过比较记录对应的字符串之间的相似度来判定参与比较的记录是否是表示显示中的同一实体。与领域无关的记录匹配方法的主要思想是利用记录间的文本相似度来判断两个记录是否相似。如果两个记录的文本相似度大于某个预先指定的值，那么可以判定这两个记录是重复的，反之则不是。

在做分类时经常需要估算不同样本之间的相似性，这时通常采用的方法就是计算样本间的距离。对于一个给定的文本字符串，用一个向量来表示这个字符串中所包含的所有字母。相似性的度量方法有很多，有的方法适用于专门领域，也有的方法适用于特定类型的数据。针对具体的问题，如何选择相似性的度量方法是一个复杂的问题。例如，聚类算法是按照聚类对象之间的相似性进行分组，因此，描述对象间相似性是聚类算法的重要问题。数据的类型不同，相似性的含义也不同。又例如，对数值型数据而言，两个对象的相似度是指它们在欧氏空间中的互相邻近的程度；而对分类型数据来说，两个对象的相似度与它们取值相同的属性的个数相关。

聚类分析按照样本点之间的远近程度进行分类。为了使分类更合理，必须描述样本之间的远近程度。刻画聚类样本点之间的远近程度主要有以下两类函数。

（1）相似系数函数。两个样本点越相似，则相似系数值越接近 1；两个样本点越不相似，则相似系数值越接近 0。这样就可以使用相似系数值来刻画样本点性质的相似性。

（2）距离函数。可以将每个样本点看作高维空间中的一个点，进而可以使用某种距离来表示样本点之间的相似性，距离较近的样本点性质较相似，距离较远的样本点则差异较大。

特征变量需要由领域专家来选择，并精确刻画样本的性质，以及样本之间的相似性测度的定义。

文本相似度计算在信息检索、数据挖掘、机器翻译和文档复制检测等领域应用广泛。相似性的度量是计算个体间的相似度，相似性的度量值越小，说明个体间相似度越小，相似性的度量值越大，说明个体间相似度越大。对于多个不同的文本或者短文本对话消息，如果要计算它们之间的相似度如何，一个好的做法就是将这些文本中的词语映射到向量空间，形成文本中文字和向量数据的映射关系，通过计算不同向量的差异的大小来计算文本的相似度。几种简单的文本相似性判断的方法如下所述。

1. 余弦相似性

余弦相似性用向量空间中两个向量夹角的余弦值来衡量两个个体间差异的大小。余弦值越接近 1，就表明夹角越接近 0°，也就是两个向量越相似，这就叫余弦相似性。

图 4-7 中的两个向量 a 和 b 的夹角很小，可以说 a 向量和 b 向量有很高的相似性，极

端情况下，a 向量和 b 向量完全重合，可以认为 a 向量和 b 向量是相等的，即 a 向量和 b 向量代表的文本是完全相似的，或者说是相等的。

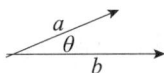

图 4 - 7　向量余弦

如果两个向量 a 和 b 的夹角很大，可以说 a 向量和 b 向量有很低的相似性，或者说 a 向量和 b 向量代表的文本基本不相似，那么就可以用两个向量的夹角大小的函数值来计算个体的相似度。向量空间余弦相似度理论就是基于上述思路来计算个体相似度的一种方法。

例如，判断下述两句话的相似性。

$$A = 你是个好人$$
$$B = 小明是个好人$$

（1）先进行分词。

$$A = 你/是个/好人$$
$$B = 小明/是个/好人$$

（2）列出所有的词。

你 小明 是个 好人

（3）计算词频（词出现的次数），将每个数字对应上面的字。

（4）写出词频向量。

$$A = （1011）对应 A = 你是个好人$$
$$B = （0111）对应 B = 小明是个好人$$

（5）计算这两个向量的相似程度。

$$\frac{1 \times 0 + 0 \times 1 + 1 \times 1 + 1 \times 1}{\sqrt{1^2 + 0^2 + 1^2 + 1^2} \times \sqrt{0^2 + 1^2 + 1^2 + 1^2}}$$

最终结果为 0.667（只余 3 位）。余弦值越接近 1，就表明夹角越接近 0°，也就是两个向量越相似，这就叫余弦相似性。简单来说，上面计算出的值代表两个句子大概有六成相似，越接近 1 就越相似。

由上述例子可以得到如下的文本相似度计算的处理流程。

（1）找出两篇文章的关键词。

（2）每篇文章各取出若干个关键词，合并成一个集合，计算每篇文章对于这个集合中的词的词频。

（3）生成两篇文章各自的词频向量。

（4）计算两个向量的余弦相似度，值越大就表示越相似。

我们也可以通过计算两篇文章共有的词的总字符数除以最长文章字符数来评估其相似度。假设有 A、B 两句话，先取出这两句话都有的词的字数，然后看哪句话更长就除以哪句话的字数。同样是 A、B 两句话，共有词的字符长度为 4，最长句子长度为 6，那么 4/6 约为 0.667。

2. 利用编辑距离表示相似性

我们可以利用编辑距离测量字符串之间的距离。

（1）编辑距离的概念。编辑距离是指由一个字符串转换成另一个字符串所需的最少编辑操作次数。编辑操作包括将一个字符串替换成另一个字符串，插入一个字符串，删除一个字符串。也就是说，编辑距离是从一个字符串变换到另一个字符串的最少插入、删除和替换操作的总数目。编辑距离是一种常用的字符串距离测量方法，在确定两个字符串的相似性时应用广泛。例如，源字符串 S 为 test，目标字符串 T 为 test，则 S 和 T 之间的编辑距离为 0，因为这两个字符串相同，不需要任何转换操作。如果目标字符串改为 text，那么 S 和 T 之间的编辑距离为 1，即至少需要一个替换操作，才能将 S 中的 "s" 替换为 "x"。可以看出，编辑距离越大，则字符串之间的相似度越小，将源字符串转换为目标字符串所需的操作就越多。

（2）编辑距离的性质。编辑距离具有下面几个性质。

①两个字符串的最小编辑距离至少是两个字符串的长度差。

②两个字符串的最大编辑距离至多是两个字符串中较长字符串的长度。

③两个字符串的编辑距离为零的充要条件是两个字符串相同。

④如果两个字符串等长，编辑距离的上限是海明距离（Hamming Distance）。

⑤编辑距离满足三角不等式，即 $d(a,c) \leqslant d(a,b) + d(b,c)$。

⑥如果两个字符串有相同的前缀或后缀，则去掉相同的前缀或后缀对编辑距离没有影响，其他位置不能随意删除。

3. 利用海明距离表示相似性

两个等长字符串之间的海明距离是两个字符串对应位置的不同字符的个数，也就是将一个字符串变换成另外一个字符串所需要替换的字符个数。例如，1011101 与 1001001 之间的海明距离是 2，test 与 text 之间的海明距离是 1。

利用海明距离表示相似性的过程是先将一个文档转换成 64 位的字节，然后通过判断两个字节的海明距离就可以知道其相似程度。

4.8 基于 Hadoop 平台的大数据去重

大数据去重是指对数据文件中的数据进行去重，数据文件中的每一行都是一个数据。

1. MapReduce 设计

大数据去重的最终目标是让原始数据中出现次数超过一次的数据在输出文件中只出现一次。将同一个数据的所有记录都交给一台 Reduce 机器，无论这个数据出现多少次，只要在最终结果中输出一次就可以了。具体就是 Reduce 的输入应该以数据作为 key，而对 value-list

则没有要求。当 Reduce 接收到一个（key,value-list）时就直接将 key 复制到输出的 key 中，并将 value 设置成空值。

在 MapReduce 流程中，Map 的输出（key,value）经过 shuffle 过程聚集成（key,value-list）后交给 Reduce，所以从设计好的 Reduce 输入可以反推出 Map 的输出 key 应为数据，而 value 任意。继续反推，Map 输出数据的 key 为数据，而在这个实例中每个数据代表输入文件中的一行内容，所以 Map 阶段要完成的任务就是在采用 Hadoop 默认的作业输入方式之后，将 value 设置为 key，并直接输出（输出中的 value 任意）。Map 中的结果经过 shuffle 过程之后交给 Reduce。Reduce 阶段不会管每个 key 有多少个 value，它直接将输入的 key 复制为输出的 key，并输出就可以了（输出中的 value 被设置成空了）。

2. Hadoop 大数据去重举例

（1）进入 "/usr/local/hadoop" 目录准备数据。本步骤的主要任务是在当前目录的 "./input/" 目录下创建 "file1. txt" 文件、"file2. txt" 文件，并输入实验数据。

①首先打开 gedit 窗口，并创建 "file1. txt" 文件，执行如下命令：

```
$ sudo gedit ./input/file1.txt
```

如果在终端初次执行 sudo 命令，需要按提示输入 Hadoop 的密码，之后进入 gedit 的窗口界面，在编辑区输入以下格式的样例数据，如图 4-8 所示：

2016-8-1　a

2016-8-2　b

2016-8-3　c

2016-8-4　d

2016-8-5　a

2016-8-6　b

2016-8-7　c

2016-8-3　c

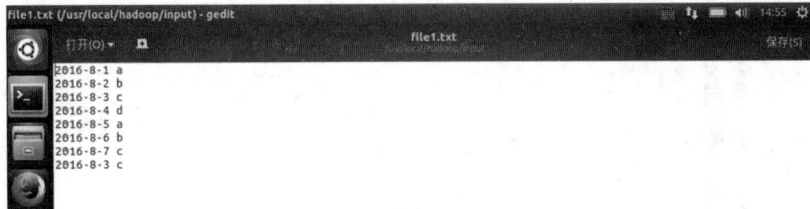

图 4-8　gedit 的窗口

②完成输入之后，单击右上角 "保存" 按钮，将输入数据保存到文件 "file1. txt" 中，然后将鼠标放到最左上角位置，单击 "×" 图标关闭文件，退出 gedit，返回终端。

③打开 gedit 窗口界面，并创建 "file2. txt" 文件，执行如下命令：

```
$ sudo gedit ./input/file2.txt
```

进入 gedit 的窗口界面,在编辑区输入以下格式的样例数据:

2016-8-1　b

2016-8-2　a

2016-8-3　b

2016-8-4　d

2016-8-5　a

2016-8-6　c

2016-8-7　d

2016-8-3　c

④完成输入之后,单击右上角"保存"按钮,将输入数据保存到文件"file1.txt"中,然后将鼠标放到最左上角位置,单击"×"图标关闭文件,退出 gedit,返回终端。

经过上述步骤,我们完成了实验数据的准备。

(2)修改"/usr/local/hadoop/etc/hadoop/"目录下的 Hadoop 配置文件。

①修改配置文件"core-site. xml"。

②修改配置文件"hdfs-site. xml"。

③修改配置文件"hadoop-env. sh"。

(3)NameNode 的格式化。

(4)在集成开发环境 Eclipse 中实现 Hadoop 数据去重。

①启动 Eclipse 开发环境。在虚拟机的 Linux 终端执行如下命令启动 Eclipse 开发环境:

```
$ /usr/local/eclipse/eclipse
```

可以进入 Eclipse 界面,如图 4 - 9 所示。

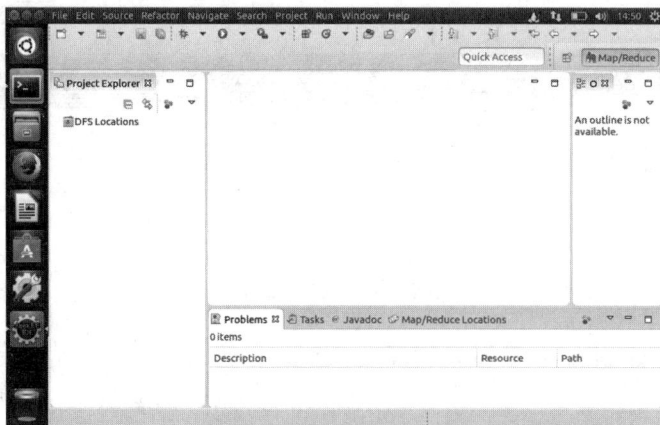

图 4 - 9　Eclipse 界面

在 Eclipse 界面左上角单击 "New" 小图标，出现如图 4 - 10 所示的向导对话框，选择 "Map/Reduce Project"，单击 "Next" 按钮继续。

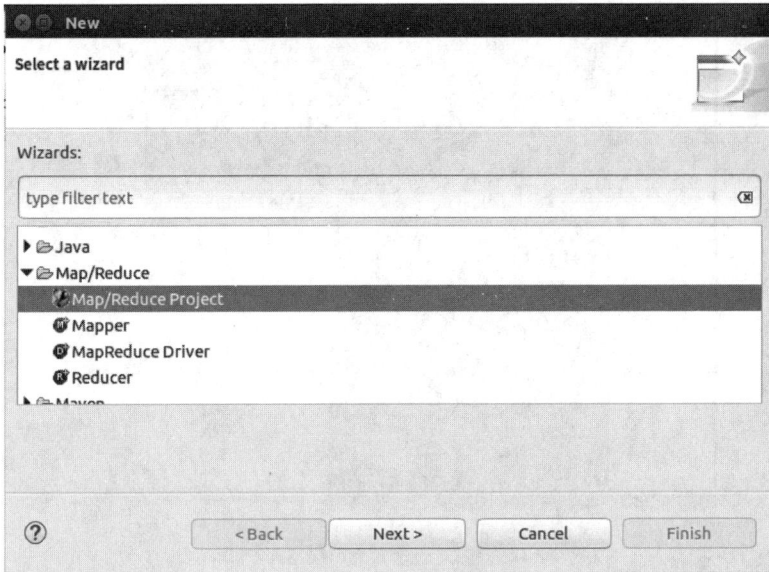

图 4 - 10　向导对话框

在图 4 - 11 所示的后续向导对话框中填写 "datadedup" 自定义项目名称，其他默认，最后单击 "Finish" 按钮创建项目，向导已自动将 Hadoop 应用所需要的扩展库引用添加进来。

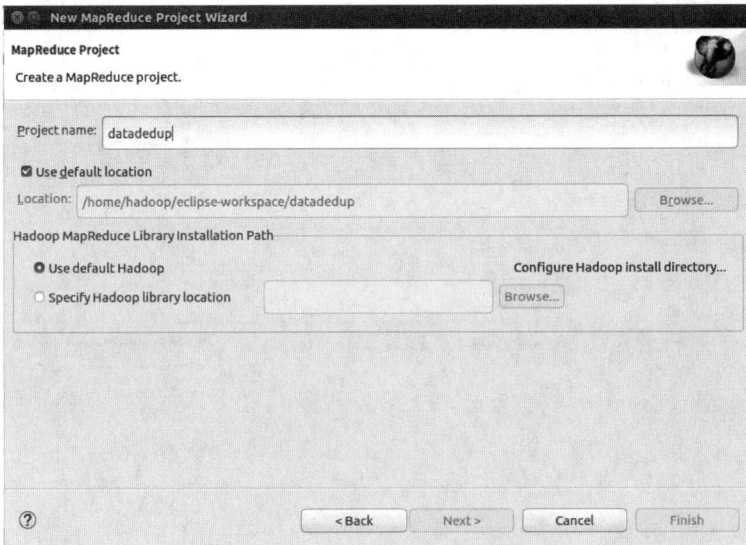

图 4 - 11　后续向导对话框

②打开 Eclipse 界面左边栏的"datadedup"项目，选中"src"文件夹，单击鼠标右键弹出快捷菜单，依次选择"New"→"Class"，如图4-12所示。

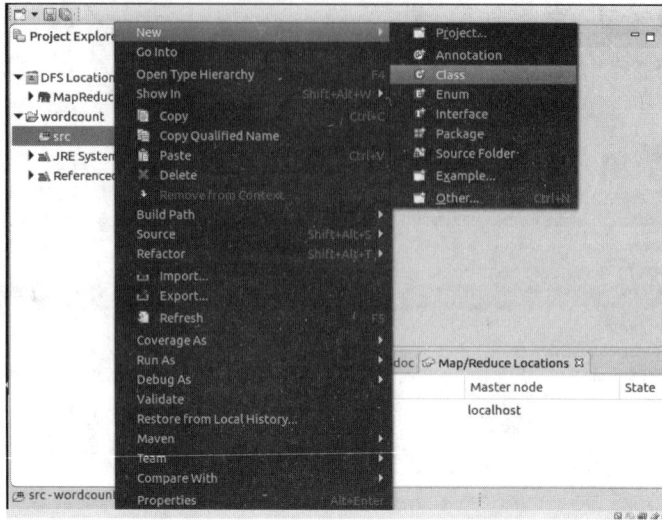

图4-12 依次选择"New"→"Class"

在图4-13所示的新类创建对话框中将"Package"设置为"org. wensenbigdata. hadoop. examples"，"Name"设置为"DataDedup"，单击"Finish"按钮确定，项目运行的 Java 主程序得以创建。

图4-13 新类创建对话框

在 Eclipse 中编辑创建的"DataDedup. java"文件，将如下的代码添加到其中：

```
importjava.io.IOException;
importorg.apache.hadoop.conf.Configuration;
importorg.apache.hadoop.fs.Path;
importorg.apache.hadoop.io.Text;
importorg.apache.hadoop.mapreduce.Job;
importorg.apache.hadoop.mapreduce.Mapper;
importorg.apache.hadoop.mapreduce.Reducer;
importorg.apache.hadoop.mapreduce.lib.input.FileInputFormat;
importorg.apache.hadoop.mapreduce.lib.output.FileOutputFormat;
importorg.apache.hadoop.util.GenericOptionsParser;

public class DataDedup{
//map 将输入中的 value 复制到输出数据的 key 上,并直接输出
public static class Map extends Mapper <Object,Text,Text,Text >{
//定义每行数据
private static Textline =newText();

//实现 map 函数
public void map(Objectkey,Textvalue,Contextcontext)
throwsIOException,InterruptedException{
line =value;
context.write(line,newText(""));
}
}


//reduce 将输入中的 key 复制到输出数据的 key 上,并直接输出
public static class Reduce extends Reducer <Text,Text,Text,Text >{
//实现 reduce 函数
public void reduce(Textkey,Iterable <Text >values,Contextcontext)
throwsIOException,InterruptedException{
context.write(key,newText(""));
}
}

public static void main(String[]args)throws Exception{
    //初始化 MapReduce 的配置类 Configuration,向 hadoop 框架描述 MapReduce 执行的工作
```

```
Configurationconf = new Configuration();
// 这句话很关键
//conf.set("mapred.job.tracker","192.168.1.2:9001");
//String[]ioArgs = newString[]{"sort_in","sort_out"};
String[]otherArgs = newGenericOptionsParser(conf,args).getRemainingArgs();
if(otherArgs.length! =2){
    System.err.println("Usage:datadedup < in > [ < in >...] < out >");
    System.exit(2);
}


// 设置一个用户定义的 job 名称
Jobjob = Job.getInstance(conf,"datadedup");
job.set JarByClass(DataDedup.class);

// 为 job 设置 Map 和 Reduce 处理类
job.set MapperClass(Map.class);
job.set ReducerClass(Reduce.class);
// 为 job 的文本输出设置 Key 类和 Value 类
job.set OutputKeyClass(Text.class);
job.set OutputValueClass(Text.class);

// 为 job 设置输入目录
for(inti = 0;i < otherArgs.length -1; + +i){
    FileInputFormat.addInputPath(job,newPath(otherArgs[i]));
}

// 为 job 设置输出目录
PathoutputPath = newPath(otherArgs[otherArgs.length -1]);
outputPath.getFileSystem(conf).delete(outputPath);
FileOutputFormat.setOutputPath(job,outputPath);

//执行 job 任务,执行成功后退出;
    System.exit(job.waitForCompletion(true)?0 :1);
}
}
```

回到 Eclipse 界面左边栏的 "datadedup" 项目，如图 4 - 14 所示。选中 "src" 文件夹，单击鼠标右键弹出快捷菜单，选择 "Import" 项后，出现如图 4 - 15 所示的 "Import" 向导对话框。

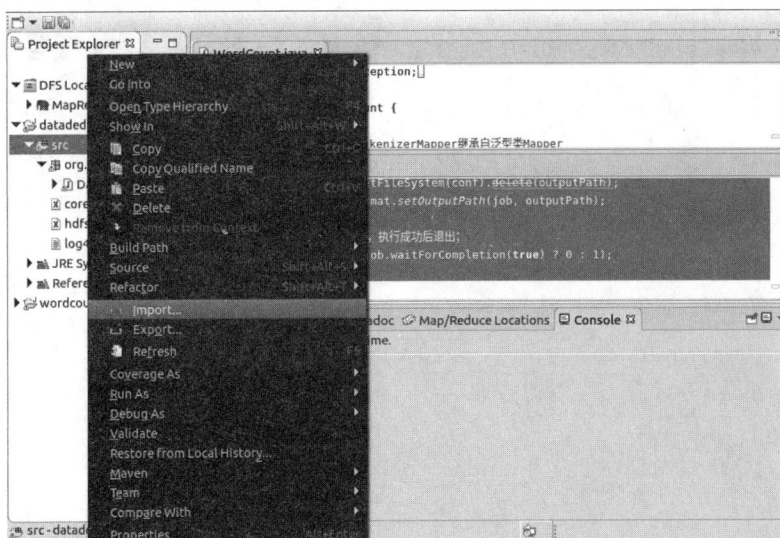

图 4 - 14　Eclipse 的 "datadedup" 项目

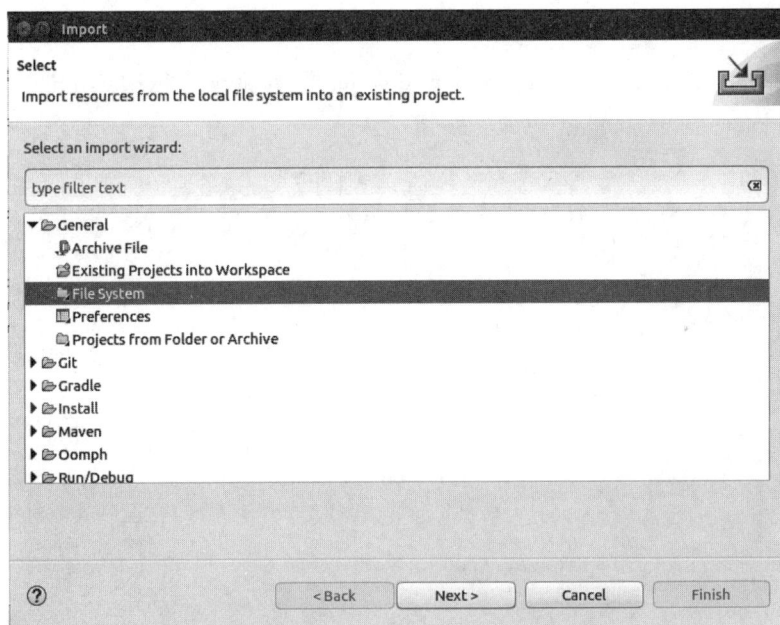

图 4 - 15　"Import" 向导对话框

在如图 4 - 15 所示的 "Import" 向导对话框中打开 "General" 并选中 "File System"，然后单击 "Next" 按钮后，出现如图 4 - 16 所示的 "Import" 向导对话框的 "File system" 界面。

在如图 4 - 16 所示的 "Import" 向导对话框的 "File system" 界面中，单击上方 "From directory" 项右侧的 "Browse" 按钮。

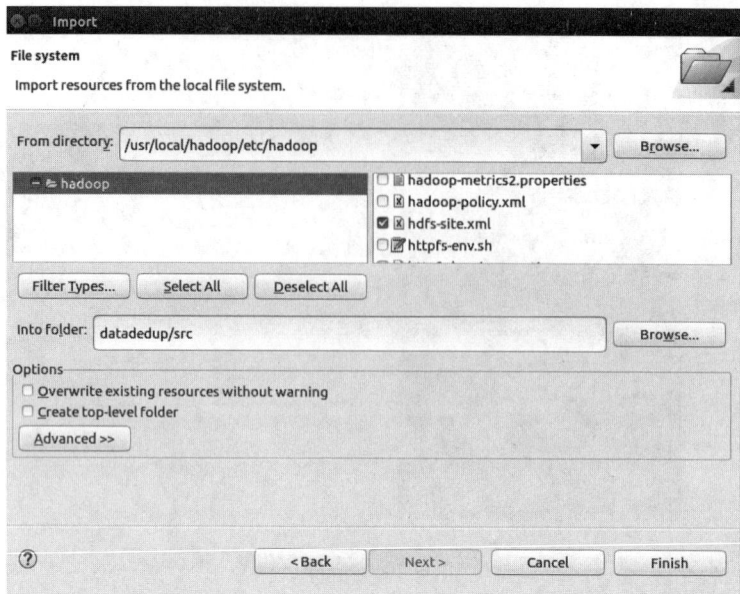

图 4 - 16   "Import"向导对话框的"File system"界面

在出现如图 4 - 17 所示的"Import from directory"对话框中依次单击进入"/usr/local/hadoop/etc/hadoop"目录，单击"OK"按钮确认。

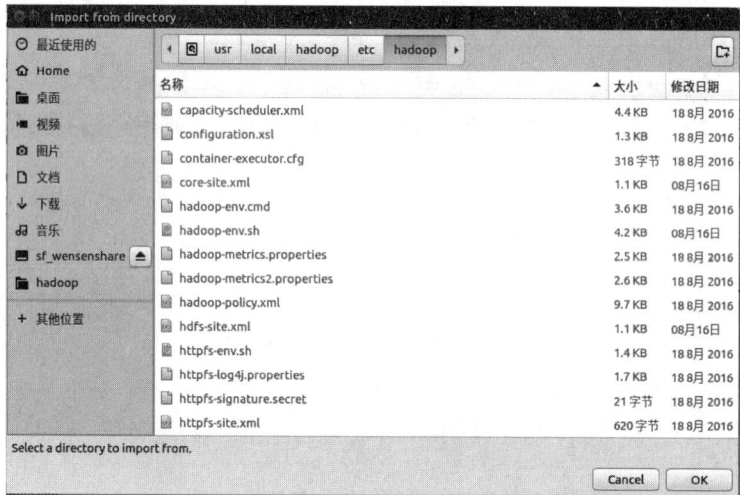

图 4 - 17   "Import from directory"对话框

返回"Import"向导对话框的"File system"界面，将中间"hadoop"目录右侧文件列表中的"core-site. xml""hdfs-site. xml"（在前面部分已设置完成）以及"log4j. properties"三个文件选中，单击"Finish"按钮将它们复制到当前项目中。

在 Eclipse 界面的左边栏选中"datadedup"项目下的"src"目录，单击鼠标右键，在弹出的快捷菜单中选中"Refresh"确定后，可看到三个配置文件已添加到项目中，如图 4 - 18 所示。

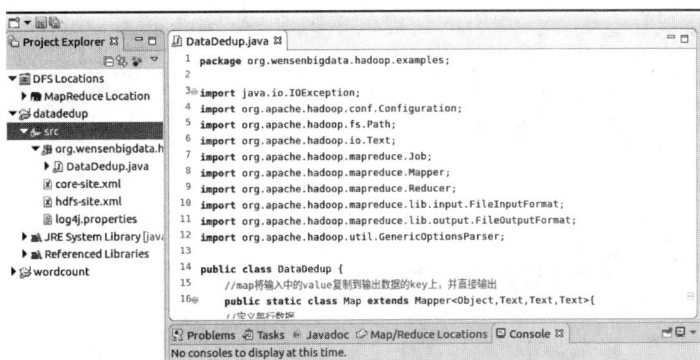

图 4 - 18　添加到项目中的三个配置文件

③返回 Eclipse 界面左边栏，依次打开"DFS Locations"→"MapReduce Location"→"（1）"→"user（1）"→"hadoop（2）"，单击鼠标右键，在弹出的快捷菜单中选择"Create new directory"项，如图 4 - 19 所示。

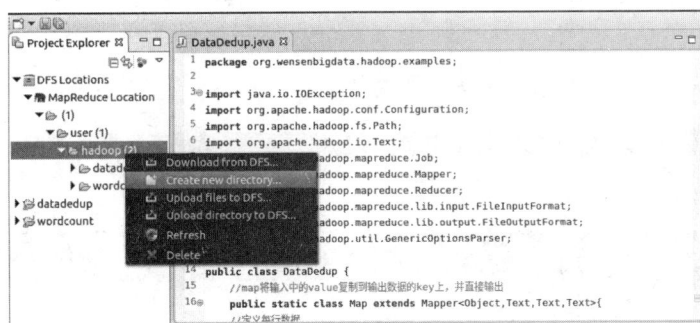

图 4 - 19　选择"Create new directory"项

④在创建子目录"Create subfolder"对话框中填写"datadedup"后单击"OK"按钮确认，如图 4 - 20 所示。

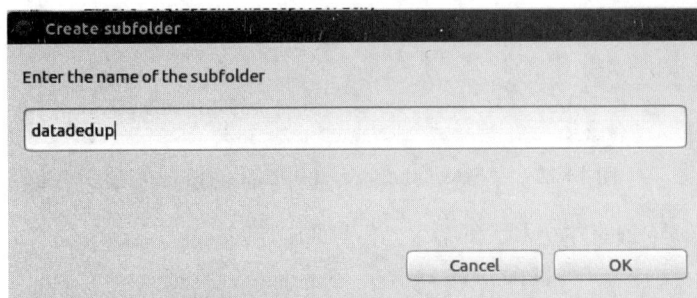

图 4 - 20　"Create subfolder"对话框

⑤以类似步骤再建立"DFS Locations"→"MapReduce Location"→"（1）"→"user（1）"→"hadoop（2）"→"datadedup（2）"的下一级子目录"input（2）"，如图 4－21 所示，选中后单击鼠标右键，在弹出的快捷菜单中选择"Upload files to DFS"。

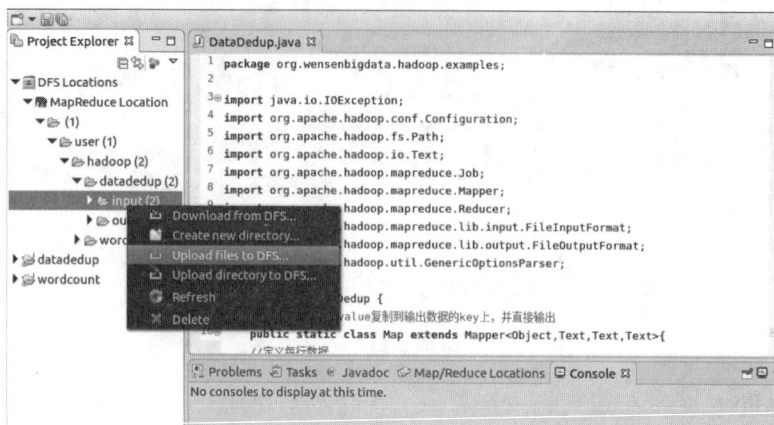

图 4－21　选择"Upload files to DFS"

⑥在出现如图 4－22 所示的"Select the local files to upload"对话框中依次单击进入"/usr/local/hadoop/input/"目录，按住键盘 Shift 键配合鼠标左键单击选中"file1. txt""file2. txt"两个文件后，单击"OK"按钮确认。

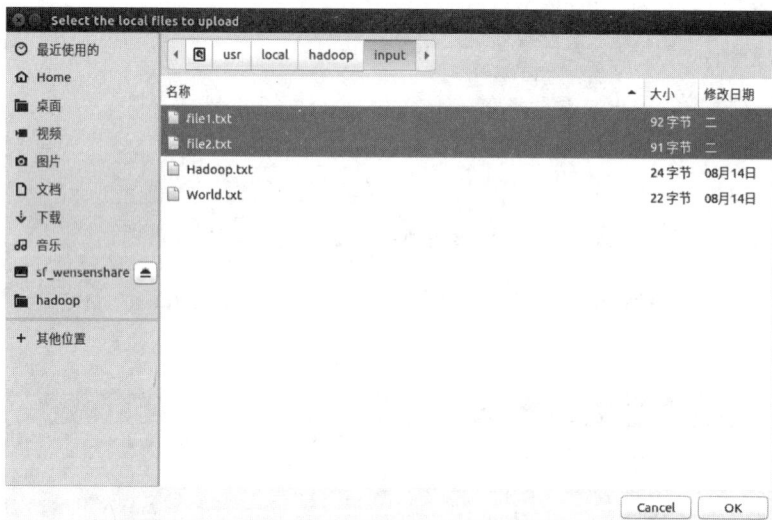

图 4－22　"Select the local files to upload"对话框

⑦返回 Eclipse 界面的左边栏，依次打开"DFS Locations"→"MapReduce Location"→"（1）"→"user（1）"→"hadoop（2）"→"datadedup（1）"→"input（2）"目录，可看到两个测试数据文件添加到 HDFS 配置中，如图 4－23 所示。

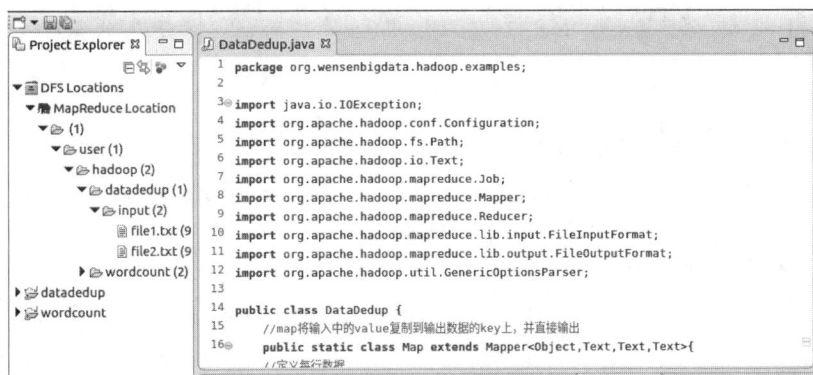

图 4 - 23 两个测试数据文件添加到 HDFS 配置中

⑧返回 Eclipse 界面，选中"DataDedup. java"文件，单击鼠标右键，在弹出的快捷菜单中选择"Run As"→"Run Configurations"，如图 4 - 24 所示。

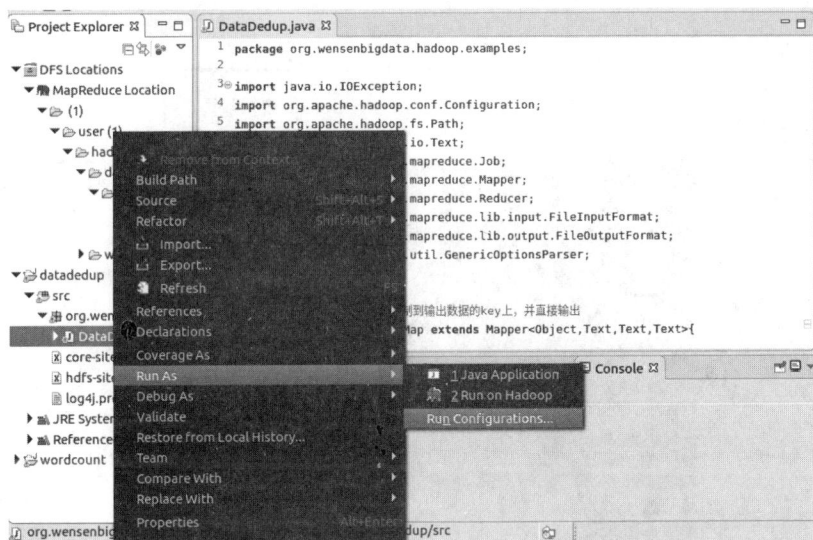

图 4 - 24 选择"Run As"→"Run Configurations"

⑨在弹出的"Run Configurations"对话框中双击左边栏的"Java Application"，单击次级的"DataDedup"项，在右侧切换到"Arguments"属性页，在"Program arguments"中填写项目"datadedup/input datadedup/output"，然后单击"Apply"按钮，待其变灰后单击"Close"按钮，如图 4 - 25 所示。

⑩返回 Eclipse 界面，选中"DataDedup. java"文件，单击鼠标右键，在弹出的快捷菜单中选择"Run As"→"Run on Hadoop"，如图 4 - 26 所示。

于是在 Eclipse 界面中成功运行项目，在 Eclipse 界面左边栏依次选择"DFS Locations"→"MapReduce Location"→"（1）"→"user（1）"→"hadoop（2）"→"datadedup（2）"→

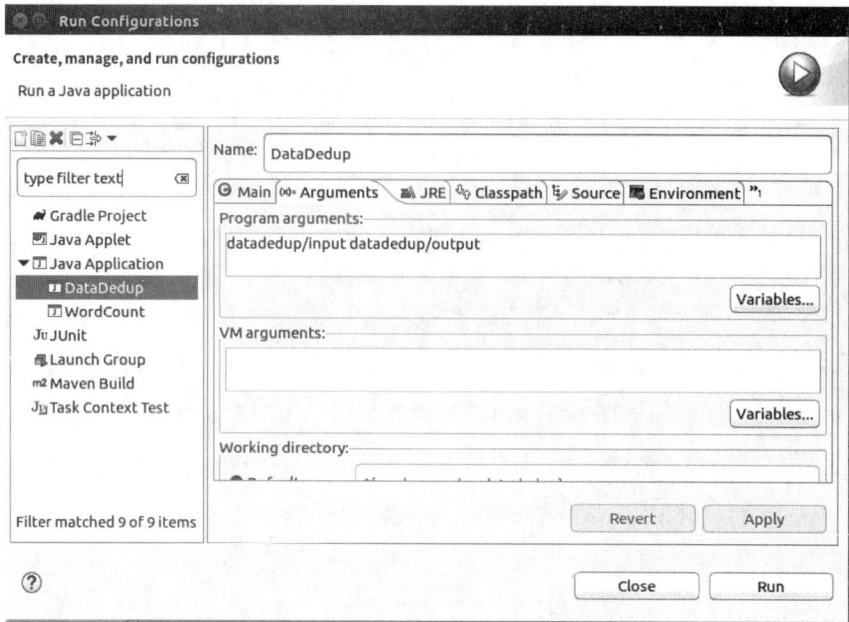

图 4 - 25 "Run Configurations" 对话框

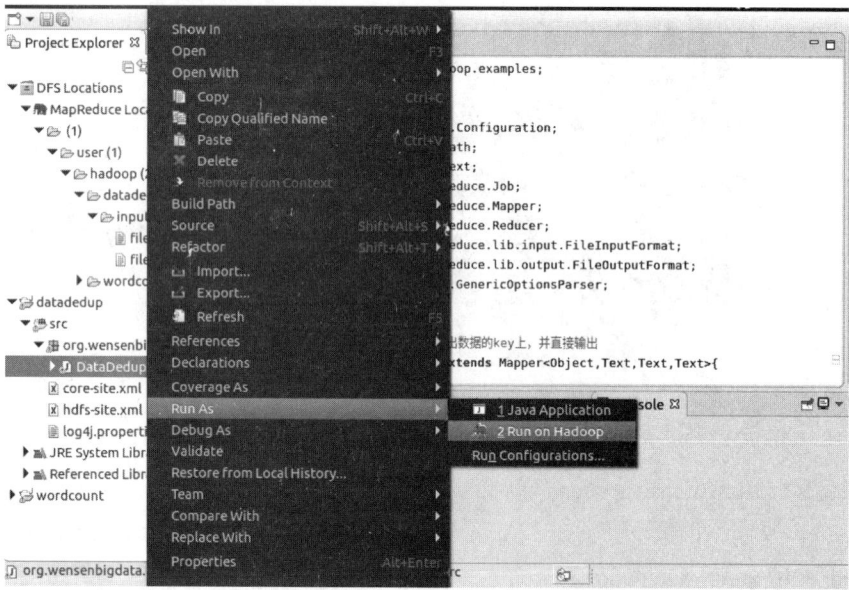

图 4 - 26 选择 "Run As" → "Run on Hadoop"

"input（2）" → "output（2）"，刷新后自动出现 "output（2）" 的子目录，打开其中的 "part-r-00000"，结果文件在右上方，显示出 MapReduce 的数据去重结果，右下方是 Hadoop 运行部分情况显示，如图 4 - 27 所示。

图 4 - 27　数据去重结果与 Hadoop 运行部分情况显示

本章小结

为了实现数据库中数据的高效更新，增量数据抽取是大数据抽取过程中经常使用的方法。获取的数据经过数据清洗，可以提高数据质量，进而为数据分析和数据挖掘建立坚实基础。

习　题

一、选择题

1. 大数据抽取过程就是从（　　）中抽取数据并传送到（　　）中的过程。

　A. 数据源　　　　　B. 信息　　　　　C. 数据库　　　　　D. 目的数据系统

2. 增量数据抽取方式只抽取（　　）的数据。

　A. PB 级数据　　　　　　　　　B. 不变的数据

　C. 发生变化的数据　　　　　　　D. 有价值的数据

3. 在大数据抽取中，可以分为初始化转移阶段和增量转移阶段。初始化转移阶段采用（　　）的方式，增量转移阶段采用（　　）方式进行有选择的抽取。

　A. 同构异质数据抽取　　　　　　B. 增量数据抽取

　C. 同构同质数据抽取　　　　　　D. 全量数据抽取

4. 数据质量的四要素是数据的准确性、（　　）、数据的完整性和（　　）。

　A. 数据的随机性　　　　　　　　B. 数据的一致性

　C. 数据的可用性　　　　　　　　D. 数据的及时性

5. 数据清洗算法的衡量标准主要包含（　　）、错误返回率和精确度。

　A. 冗余度　　　　　B. 返回率　　　　　C. 可用性　　　　　D. 一致性

6. 脏数据主要是指（　　）、（　　）和（　　）。

    A. 重复数据   B. 不完整数据

    C. 非结构化数据   D. 异常数据

7. 聚类就是将数据集分组为多个类或簇，在同一个簇中的数据对象（记录）之间具有较高的（　　），而不同簇中的对象的（　　）就比较大。我们将散落在外、不能归并到任何一类中的数据称为（　　）。

    A. 相似度   B. 模糊度   C. 奇异点   D. 差别

8. 去重是指在不同的时间维度内，重复一个行为产生的数据只计入一次。按（　　）维度去重主要分为按小时去重、按日去重、按（　　）去重、按月去重或按（　　）去重。

    A. 自选时间段   B. 周   C. 时间   D. 空间

9. 异常数据检测方法主要分为（　　）、基于邻近度的技术和（　　）。

    A. 基于模型的技术   B. 基于平均数计算

    C. 基于最大值计算   D. 基于密度的技术

10. 不完整数据的清洗是指对缺失值的填补，主要采用的方法是（　　）、（　　）、（　　）。

    A. k-NN 近邻缺失数据填充   B. 就近补齐

    C. 随机值填充   D. 平均值填充

二、判断题

1. 大数据抽取过程是搜索部分数据源，按照某种标准选择合乎要求的数据，并将被选中的数据传送到目的地中存储。（　　）

2. 同构同质数据库是指同一类型的数据模型、同一型号的数据库系统；同构异质数据库是指同一类型的数据模型、不同型号的数据库系统。（　　）

3 全量抽取类似于数据迁移或数据复制，它将抽取数据源中发生改变的地方数据从数据库中抽取出来，并转换成抽取工具可以识别的格式。（　　）

4. 只有通过清洗之后，才能通过分析与挖掘得到可信的、可用于支撑决策的信息。（　　）

5. 如数据不完整、数据不一致、数据重复等，数据也能够有效地被利用。（　　）

6. k-NN 近邻缺失数据填充算法是一种简单快速的算法，它利用本身具有完整记录的属性值实现对缺失属性值的估计。（　　）

7. 字段之间的相似度 S 是根据所有字段的内容而计算出的一个表示两字段相似程度的数值。（　　）

8. 文本由记录组成，可以将整条记录看成一个字符串来计算其相似度，再按某些规则合成得到文本相似度。（　　）

9. 余弦值越接近 0，就表明夹角越接近 0°，也就是两个向量越相似，当夹角等于 0° 时，即两个向量相等，称为余弦相似性。（　　）

实验 4　大数据去重

1. 实验目的

通过 Hadoop 数据去重实验，学生可以掌握准备数据、伪分布式文件系统配置方法，以及在集成开发环境 Eclipse 中实现 Hadoop 数据去重方法。

2. 实验要求

了解基于 Hadoop 处理平台的大数据去重过程，理解其主要功能，并能够在 Hadoop 环境下独立完成。

（1）制订实验计划。

（2）准备数据。

（3）伪分布式文件系统配置。

（4）在集成开发环境 Eclipse 中实现 Hadoop 数据去重。

3. 实验内容

（1）制订实验计划。

（2）进入"/usr/local/hadoop"目录。

（3）准备数据。

（4）修改"/usr/local/hadoop/etc/hadoop/"目录下的 Hadoop 配置文件。

（5）NameNode 格式化。

（6）在集成开发环境 Eclipse 中实现 Hadoop 数据去重。

4. 实验总结

通过本实验，使学生了解 Hadoop 数据去重的特点和过程、理解 MapReduce 程序的执行过程、掌握 NameNode 的格式化方法、Hadoop 的配置文件的修改和 Eclipse 开发环境下实现 Hadoop 数据去重的方法。

5. 思考拓展

（1）为什么需要 NameNode 格式化？说明 NameNode 格式化方法。

（2）为什么需要数据去重？说明 Hadoop 数据去重的主要优势。

（3）结合 MapReduce 程序执行过程，说明 Hadoop 数据去重是离线处理还是在线处理。

（4）说明在集成开发环境 Eclipse 中实现 Hadoop 数据去重的主要过程。

第5章 大数据去噪与标准化

知识结构图

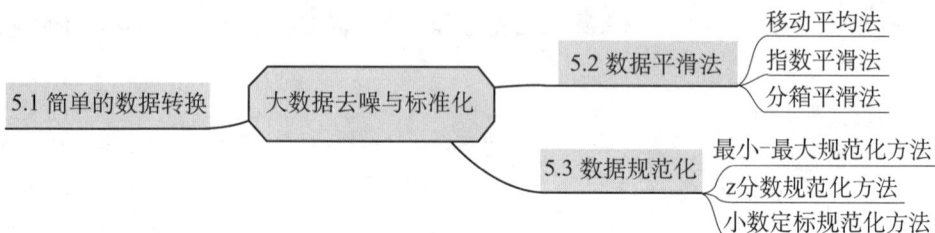

学习目标

- 掌握：移动平均法、分箱平滑法和最小－最大规范化方法。
- 理解：简单的数据转换、指数平滑法、z 分数规范化方法。
- 了解：小数定标规范化方法。

在数据预处理过程中，我们可以根据需要通过数据转换构造出数据的新属性，使之更有助于理解与处理数据，也就是说，数据转换可将原始数据转换成适合数据分析的形式。如果数据转换处理不当，将严重扭曲数据本身的内涵，改变数据原本的形态，例如，本来是第一组均数大于第二组均数，但是经过转换，可以使两组数据无差别，甚至得到第二组均数大于第一组均数的结果。

5.1 简单的数据转换

在应用中，经常使用一些简单的数据转换，具体如下。

1. 对数转换

对数转换是一种特殊的数据转换方式，利用它可以将一类理论上没有解决的问题转化为已经解决的问题，数 x 与其对数 y 的关系如图 5 - 1 所示。

对数转换是将原始数据的自然对数值作为分析数据，如果原始数据中有零，可以在底数中加上一个小数值。这种转换适用于如下情况。

（1）部分正偏态数据。对数转换可将右偏的数据形态变为正态。数据的正态性对于统计量的各种小样本性质、统计量的有限样本分布、极大似然估计方法的应用具有比较重要的含义。

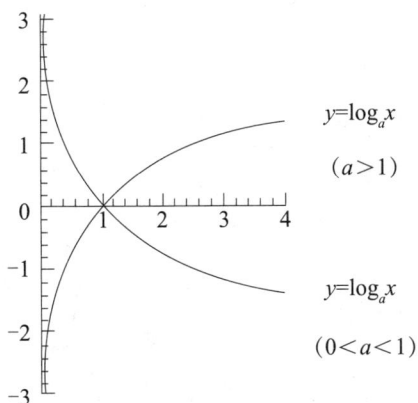

图 5 - 1　对数 $y = f(x)$

（2）等比数据。等比数据取对数之后不会改变数据的性质和相关性，但却压缩了变量的尺度，使数据更加平稳，减小了模型的共线性和异方差性。

（3）各组数值和均值比值相差不大的数据。各组数值和均值比值相差不大的数据在进行时间序列分析时，对数据取对数后，并不改变变量之间的协整关系，而且还可以消除异方差。

2. 平方根转换

平方根转换适用于以下几种数据类型。

（1）泊松分布的数据。泊松分布是一种统计与概率学里常用的离散几率分布。事件在单位时间（面积或体积）内出现的次数或个数就近似地服从泊松分布。因此，泊松分布在管理科学、运筹学以及自然科学的某些问题中都占有重要的地位。

（2）轻度偏态数据。

（3）样本的方差和均数呈现正相关的数据。

（4）变量的所有个案为百分数，并且取值在 0% ～20% 或者 80% ～100% 的数据。

5.2　数据平滑法

噪声是指测量数据中的随机错误和偏差，通过数据平滑技术可以除去噪声，如图 5 - 2 所示。数据平滑技术是数据转换的重要方式之一，通常将完成数据平滑的方法称为数据平滑法，又称为数据光滑法或数据递推修正法。

数据平滑法的处理过程是将获得的实际数据和原始预测数据加权平均，进而去掉数据中的噪声，使得预测结果更接近于真实情况，数据平滑法是趋势法或时间序列法的一种具体应用，数据平滑法分为移动平均法、指数平滑法和分箱平滑法。

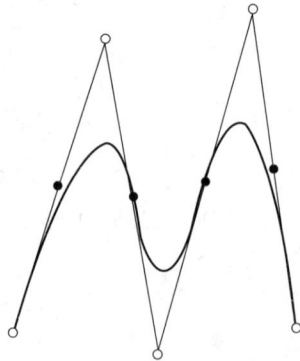

图 5－2　数据平滑技术

5.2.1　移动平均法

移动平均法是预测将来某一时期的平均预测值的一种方法。该方法对过去若干历史数据求算术平均数，并把该数据作为以后的预测值。移动平均法分为一次移动平均法、二次移动平均法和多次移动平均法，在这里仅介绍一次移动平均法和二次移动平均法。

1. 一次移动平均法

一次移动平均法是直接以本期（如 t 期）移动平均值作为下期（$t+1$ 期）预测值的方法。在移动平均值的计算过程中，必须一开始就明确观察值的实际个数，每出现一个新观察值，就要从移动平均值中减去一个最早观察值，再加上一个最新观察值来计算移动平均值，这个新的移动平均值就作为下一期的预测值。设时间序列为：x_1，x_2，$\cdots$，x_n，一次移动平均法的计算公式为

$$x_{t+1}' = M_t^{(1)} = (x_t + x_{t-1} + \cdots + x_{t-n+1})/n$$

式中：x_{t+1}'——第 $t+1$ 期的预测值；

$\quad\quad x_t$——第 t 期的观察值；

$\quad\quad M_t^{(1)}$——第 t 期一次移动平均值；

$\quad\quad n$——跨越期数，即参加移动平均的历史数据的个数。

一次移动平均法一般适用于时间序列数据为水平型变动的预测，而不适用于明显的长期变动趋势和循环型变动趋势的时间序列预测。

例如，已知某计算机公司近年计算机销售量，用一次移动平均法预测 2017 年计算机销售量（单位：台），销售数据见表 5－1，其中

$$x_{t+1}' = M_t^{(1)} = (x_t + x_{t-1} + \cdots + x_{t-n+1})/n$$
$$x_{2013}' = M_{2012}^{(1)} = (x_{2012} + x_{2011} + x_{2010})/n$$
$$= (1\,040 + 1\,022 + 984)/3$$
$$= 1\,015$$

表 5 - 1　一次移动平均法应用举例（$n = 3$）

年份	销售量/台	一次移动平均数
2010	984	
2011	1 022	
2012	1 040	
2013	1 020	1 015
2014	1 032	1 027
2015	1 015	1 031
2016	1 010	1 022
2017		1 019

从表中可以看出，这是一个水平型变动的时间序列，除了 2010 年不足 1 000 台外，其余年份均在 1 020 台左右变动。应用一次移动平均法预测，选择跨越期数等于 3，进行预测该计算机公司 2013—2017 年计算机销售量的预测值，可以看出，预测值比实际销售量更为平滑。

2. 二次移动平均法

一次移动平均法仅适用于没有明显的迅速上升或下降趋势的情况。如果时间数列呈直线上升或下降趋势，则需要使用二次移动平均法。二次移动平均法就是在一次移动平均法的基础上再进行一次移动平均。

二次移动平均法是以历史数据为基础，按时间顺序分段反映后期的变化趋势。其优点是重视商品因不同销售周期变化而使销售产生变化的趋势，但其忽略了因价格、气候、季节变化等对销售的影响。

二次移动平均法的描述如下。

S1 首先根据历史销售记录 X_t 计算一次移动平均值 M_t：

$$M_t = (X_t + X_{t-1} + X_{t-2} + \cdots + X_{t-n+1})/n$$

S2 在一次移动平均值的基础上计算二次移动平均值 $M_t{'}$：

$$M_t{'} = (M_t + M_{t-1} + M_{t-2} + \cdots + M_{t-n+1})/n$$

S3 分别计算方程系数 A_t 和 B_t：

$$A_t = 2M_t - M_t{'}$$

$$B_t = 2(M_t - M_t{'})/(n-1)$$

S4 计算销售预测值 $Y_t + T$：

$$Y_t + T = A_t + B_t T$$

式中：X_t——第 t 期实际销售值，一般为某一时段内平均值；

　　　M_t——第 t 期移动平均值；

n——进行移动平均时所包含的跨越期数；

M_t'——在 M_t 基础上二次移动的平均值；

A_t，B_t——线性方程的系数；

T——待预测的月份；

$Y_t + T$——销售预测值。

5.2.2　指数平滑法

指数平滑法是预测中常用的方法，由罗伯特·布朗提出，这种方法的依据是时间序列的态势具有稳定性或规则性，所以时间序列可顺势推延。如果最近的态势在某种程度上可持续，那么可将最近的数据赋予较大的权数。

1. 指数趋势分析

指数趋势分析的具体方法是在分析连续几年的报表时，以其中一年的数据为基期数据（通常是以最早的年份为基期），将基期的数据值定为100，其他各年的数据转换为基期数据的百分数，然后比较分析相对数的大小，得出有关项目的趋势。

假设 2011 年 12 月 31 日某商家存货额为 150 万元，其在 2012 年 12 月 31 日的存货额为 210 万元，设 2011 年为基期，如果其在 2013 年 12 月 31 日的存货额为 180 万元，则两年的指数应为

$$2012 \text{ 年的指数} = 210/150 \times 100 = 140$$
$$2013 \text{ 年的指数} = 180/150 \times 100 = 120$$

当使用指数平滑法时，需要注意的是由指数得到的百分比的变化趋势都是以基期为参考的，是相对数的比较，这样就可以观察多个期间数值的变化，得出一段时间内数值变化的趋势。这个方法不仅适用于用过去的趋势推测将来的数值，而且还可以观察数值变化的幅度，找出重要的变化，为下一步的分析指明方向。

指数平滑法是生产预测中经常使用的一种方法，适用于中短期发展趋势预测。移动平均法则不考虑较远期的数据，并在加权移动平均法中给予近期数据更大的权重。指数平滑法兼容了全期平均和移动平均所长，不舍弃过去的数据，但是仅给予逐渐减弱的影响程度，即随着数据的远离，赋予逐渐收敛为零的权数。指数平滑法预测值与实际值的比较如图 5－3 所示。

2. 指数平滑法的计算公式

指数平滑法任一期的指数平滑值都是本期实际观察值与前一期指数平滑值的加权平均。

指数平滑法的基本公式为

$$S_t = \alpha y_t + (1 - \alpha) S_{t-1}$$

式中：S_t——时间 t 的平滑值；

y_t——时间 t 的实际值；

S_{t-1}——时间 $t-1$ 的平滑值；

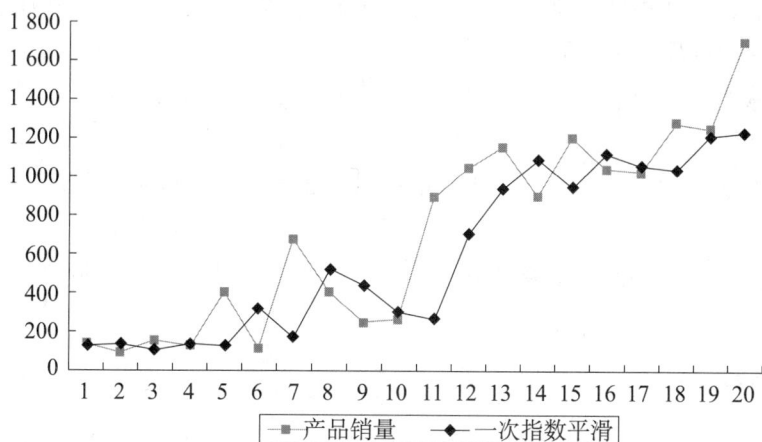

图 5-3　指数平滑法预测值与实际值的比较

α——平滑常数，其取值范围为 [0，1]。

由上述公式可知，S_t 是 y_t 和 S_{t-1} 的加权算数平均数，随着 α 取值的变化，其决定 y_t 和 S_{t-1} 对 S_t 的影响程度，当 α 取 1 时，$S_t = y_t$；当 α 取 0 时，$S_t = S_{t-1}$。

S_t 具有逐期追溯的性质，一直探源至 S_{t-n+1} 为止，这个过程包括了全部数据。在其过程中，平滑常数以指数形式递减，所以将其称为指数平滑法。平滑常数的取值至关重要，其决定了平滑水平以及对预测值与实际结果之间差异的响应速度。平滑常数越接近于 1，则远期实际值对本期平滑值影响程度的下降越迅速。平滑常数越接近于 0，则远期实际值对本期平滑值影响程度的下降越缓慢。由此可见，当时间数列相对平稳时，可取较大的 α；当时间数列波动较大时，应取较小的 α，这样可以不忽略远期实际值的影响，具体方法如下。

（1）当时间序列呈现较稳定的水平趋势时，应选较小的 α 值，一般可在 0.05~0.20 取值。

（2）当时间序列有波动，但长期趋势变化不大时，可选稍大的 α 值，一般可在 0.1~0.4 取值。

（3）当时间序列波动很大，长期趋势变化幅度较大，呈现明显且迅速的上升或下降趋势时，宜选择较大的 α 值，如可在 0.6~0.8 取值，以使预测模型灵敏度高些，能迅速跟上数据的变化。

（4）当时间序列数据是上升或下降的趋势时，α 应在 0.6~1 取较大的值。

上述方法就是根据具体时间序列的情况，参照经验判断法，来大致确定额定的取值范围，然后取几个 α 值进行试算，比较不同 α 值下的预测标准误差，选取预测标准误差最小的 α。

尽管 S_t 包含了全期数据的影响，但在实际计算时仅需要两个数值，即 y_t 和 S_{t-1}，再加上一个常数 α，这就使指数滑动具有逐期递推的性质，进而给预测带来了极大的便利。

根据公式 $S_1 = \alpha \cdot y_1 + (1-\alpha)S_0$，当使用指数平滑法时才开始收集数据，就不存在 y_0，

无从产生 S_0，自然无法根据指数平滑公式求出 S_1。指数平滑法定义 S_1 为初始值，初始值的确定也是指数平滑过程的一个重要条件。

如果仅有从 y_1 开始的数据，那么确定初始值的方法有以下几种。

（1）取 S_1 等于 y_1。

（2）当积累若干数据之后，取 S_1 等于前面若干数据的简单算术平均数，如：$S_1 = (y_1 + y_2 + y_3)/3$。

（3）根据平滑次数不同，指数平滑法分为一次指数平滑法、二次指数平滑法和三次指数平滑法。

5.2.3　分箱平滑法

分箱平滑法是一种数据局部平滑方法，它是通过考察周围的数据来平滑存储数据。其用箱子的深度来表示不同的箱中的相同个数的数据，用箱的宽度来表示箱中每个数值的取值区间。

数据装入箱子之后，可以用箱内数值的平均值、中值或边界值来替代该分箱内各观测的数值。由于分箱考虑相邻的数值，按照取值的不同可将其划分为按箱平均值平滑、按箱中值平滑以及按箱边界值平滑。

例如，假设有 8、24、15、41、7、10、18、67、25 这 9 个数，将其分为 3 个箱子，各箱的数据分配如下。

箱 1：8、24、15。

箱 2：41、7、10。

箱 3：18、67、25。

分别用三种不同的分箱法求出平滑数据值。

1. 按箱平均值求得平滑数据值

箱 1：8、24、15，平均值是 16，这样该箱中的每一个值被替换为 16。

2. 按箱中值求得平滑数据值

中值又称中位数，是按顺序排列的一组数据中居于中间位置的数，即在这组数据中，有一半的数据比它大，有一半的数据比它小。

箱 2：41、7、10 的中值是 10，可以按箱中值平滑，此时，箱中的每一个值被箱中的中值 10 替换。

3. 按箱边界值求得平滑数据值

箱 3：18、67、25，箱中的最小值和最大值被当作箱边界，箱中的观测值 67 被最近的边界值 25 替换。

通过不同分箱方法求解的平滑数据值就是同一箱中 3 个数的存储数据的值。

又如，某个自变量的观测值为 1，2.1，2.5，3.4，4，5.6，7，7.4，8.2。假设将它们分为 3 个分箱，即 (1，2.1，2.5)、(3.4，4，5.6)、(7，7.4，8.2)，那么使用箱平均值

替代后所得值为（1.87，1.87，1.87）、（4.33，4.33，4.33）、（7.53，7.53，7.53），使用箱中值替代后所得值为（2.1，2.1，2.1）、（4，4，4）、（7.4，7.4，7.4），使用箱边界值替代后所得值为（1，2.5，2.5）、（3.4，3.4，5.6）、（7，7，8.2），其每个观测值都由其所属分箱的两个边界值中较近的值替代。

5.3　数据规范化

　　规范化的作用是对重复性的事物和概念，通过规范、规程和制度等达到统一，以获得最佳秩序和效益。在数据分析中，度量单位的选择将影响数据分析的结果，例如，将长度的度量单位从米变成英寸，将质量的度量单位从公斤改成磅，可能导致完全不同的结果。使用较小的单位表示属性将导致该属性具有较大值域，因此导致这样的属性具有较大的影响或较高的权重。在数据分析中，为了避免对度量单位选择的依赖性与相关性，应该将数据规范化或标准化，通过数据转换，使之落入较小的区间，如［-1,1］或［0.0,1.0］等。规范化数据能够对所有属性具有相等的权重。

　　数据规范化可将原来的度量值转换为无量纲的值，通过将属性数据按比例缩放，将一个函数给定属性的整个值域映射到一个新的值域中，即每个旧的值都被一个新的值替代。更准确地说，将属性数据按比例缩放，使之落入一个较小的特定区域，就可实现属性规范化。例如，将数据 -3、35、200、79、62 转换为 0.03、0.35、2.00、0.79、0.62。对于分类算法，如神经网络学习算法以及最临近分类和聚类的距离度量分类算法，其规范化作用巨大，有助于加快学习速度。对于基于举例的方法，规范化可以防止具有较大初始值域的属性与具有较小初始值域的属性相比较的权重过大。下面介绍三种常用的数据规范化方法。

5.3.1　最小 - 最大规范化方法

　　最小 - 最大规范化方法可对原始数据进行线性转换。假定 Max_A 与 Min_A 分别表示属性 A 的最大值与最小值。最小 - 最大规范化方法通过计算将属性 A 的值 v 映射到区间［a,b］上的 v' 中，计算公式如下：

$$v' = (v - Min_A)/(Max_A - Min_A) \times (new\_Max_A - new\_Min_A) + new\_Min_A$$

　　例如，假定某属性 x 的最小值、最大值分别为 12 000 和 98 000，将属性 x 映射到［0.0，0.1］中，根据上述公式，x 的值 73 600（设定值）将转换为

$$(73\ 600 - 12\ 000)/(98\ 000 - 12\ 000) \times (1.0 - 0) + 0.0 = 0.716$$

　　最小 - 最大规范化方法能够保持原有数据之间的联系。在这种规范化方法中，如果输入的值在原始数据值域之外，将作为越界错误处理。

5.3.2　z 分数规范化方法

　　z 分数（z-score）规范化方法是基于原始数据的均值和标准差进行数据的规范化。使用

z 分数规范化方法可将原始值 x 规范为 x'。z 分数规范化方法适用于 x 的最大值和最小值未知的情况，或有超出取值范围的离群数据的情况。

在 z 分数规范化或零均值规范化中，可将 A 的值基于 x 的平均值和标准差规范化。x 值的规范化 x' 的计算公式如下：

$$x' = (x - \bar{x})/\sigma_A$$

式中，$\bar{x}$ 和 σ_A 分别为属性 x 的平均值和标准差。其中 $\bar{x} = \dfrac{1}{n}(v_1 + v_2 + \cdots + v_n)$，而 σ_A 用 x 的方差的平方根计算。该方法适用于当 x 的实际最小值和最大值未知，或离群点离开了最小 – 最大规范化的情况。

例如，如果 x 的平均值和标准差分别为 54 000 和 16 000。使用 z 分数规范化方法，x 的值 73 600 被转换为

$$(73\ 600 - 54\ 000)/16\ 000 = 1.\,225$$

标准差可以用平均值绝对偏差替换。A 的平均值绝对偏差 S_A 定义为

$$S_A = \frac{1}{n}(\,|\,v_1 - \bar{A}\,| + |\,v_2 - \bar{A}\,| + \cdots + |\,v_n - \bar{A}\,|\,)$$

对于离群点，平均值绝对偏差 S_A 比标准差更加鲁棒。在计算平均值绝对偏差时，不对平均值的偏差（$x - x_i$）取平方，因此降低了离群点的影响。

z 分数规范化方法的步骤如下。

（1）求出各变量的算术平均值（数学期望）x_i 和标准差 s_i。

（2）进行标准化处理。

$$z_{ij} = (x_{ij} - x_i)/s_i$$

式中：z_{ij}——标准化后的变量值；

　　　x_{ij}——实际变量值。

（3）将逆指标前的正负号对调。

标准化后的变量值围绕 0 上下波动，大于 0 说明高于平均水平，小于 0 说明低于平均水平。

5.3.3　小数定标规范化方法

小数定标规范化方法是通过移动属性 A 的小数点位置来实现的。小数点的移动位数依赖于 A 的最大绝对值。A 的值 v 被规范化，由下式决定：

$$v' = v/10^j$$

j 是使得 $Max(|v'|) < 1$ 的最小整数。

假设 A 的取值由 -986 到 917，A 的最大绝对值为 986，因此，为使用小数定标规范化方法，利用 1 000（$j = 3$）除每个值，于是 -986 被规范化为 -0.986，而 917 被规范化为 0.917。

规范化方法可能将原来的数据改变很多，特别是使用 z 分数规范化方法或小数定标规范化方法时表现明显。如果使用 z 分数规范化方法的话，还有必要保留规范化参数，如均值和标准差，以便将来的数据可以用一致的方式规范化。

本章小结

在大数据处理过程中，去噪与标准化是不可缺少的工作。本章主要介绍了基本的数据转换方法、数据平滑方法和数据规范化方法等内容，这部分内容是大数据预处理重要的一环。

习 题

一、选择题

1. 数据平滑法主要分为（　　）、指数平滑法和分箱平滑法。

　　A. 统计法　　　　　　B. 最短距离法　　　　C. 移动平均法　　　　D. 聚类方法

2. 移动平均法是按对过去若干历史数据求算术平均数，并把该数据作为以后时期的预测值。移动平均法分有（　　）、（　　）和多次移动平均法。

　　A. 零次平均法　　　　B. 一次移动平均法　　C. 二次移动平均法　　D. 多次移动平均法

3. 假定某属性 x 的最小值、最大值分别为 12 000 和 98 000，将属性 $x = 73\,600$ 映射到 $[0.0, 0.1]$ 中的值为（　　）。

　　A. 0.716　　　　　　　B. 0.912　　　　　　　C. 0.325　　　　　　　D. 0.679

4. 如果 x 的平均值和标准差分别为 54 000 和 16 000，使用 z 分数规范化方法，x 的值 89 500 被转换为（　　）。

　　A. 1.560　　　　　　　B. 1.250　　　　　　　C. 2.219　　　　　　　D. 1.190

5. 数据规范化的主要方法是（　　）、（　　）和（　　）等。

　　A. 最小 – 最大规范化方法　　　　　　　　　B. 模糊规范化方法

　　C. z 分数规范化方法　　　　　　　　　　　D. 小数定标规范化方法

二、判断题

1. 在数据预处理过程中，可以根据需要，通过数据转换构造出数据的新属性，使之更有助于处理数据。（　　）

2. 噪声是指测量数据中的随机错误和偏差，通过数据平滑技术可以识别噪声。（　　）

3. 分箱平滑法是一种数据局部平滑方法，它是通过考察所有的数据来平滑存储数据。（　　）

4. 数据规范化可将原来的度量值转换为无量纲的值，通过将属性数据按比例缩放，将一个函数给定属性的整个值域映射到一个新的值域中，即每个旧的值都被一个新的值替代。（　　）

第6章 大数据约简与集成技术

知识结构图

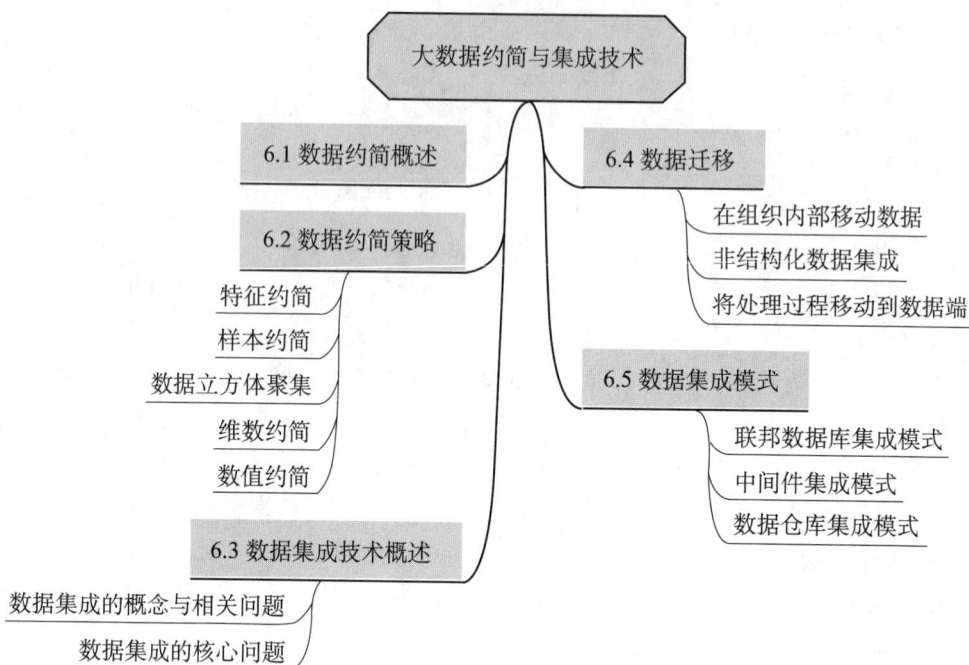

学习目标

- 掌握：特征约简、数据集成模式。
- 理解：数据立方体聚集、维数约简、数据迁移。
- 了解：样本约简。

6.1 数据约简概述

对大数据进行分析，不但复杂，而且耗费时间长，如果能抓住其主要数据，那么对其分析将快捷得多。

数据约简是指在对挖掘任务和数据本身内容理解的基础之上，寻找依赖于发现目标特征的有用数据，以缩减数据规模，从而在尽可能保持数据原貌的前提下，最大限度地精简数据量。数据约简可以用来得到数据集的约简表示，如图6-1所示，虽然约简后的数据集变小

128

了，但仍接近于保持原始数据的完整性。如果能够达到这种程度，在约简后的数据集上挖掘，仍然能够获得与约简前相同或几乎相同的分析结果。常用的约简策略有很多，主要有特征约简、样本约简、数据立方体聚集、维数约简、数值约简等。

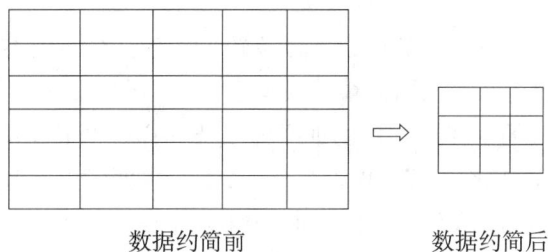

数据约简前　　　　　　　数据约简后

图 6-1　数据集的约简表示

6.2　数据约简策略

在下述的各种约简策略中，都要考虑花费在数据约简上的计算时间不应超过或抵消在约简后的数据上挖掘所节省的时间。

6.2.1　特征约简

特征约简是在保留、提高原有判别能力的前提下，从原有的特征中删除不重要或不相关的特征，或者通过对特征进行重组来减少特征的个数，同时减少特征向量的维度。也就是说，特征约简的输入是一组特征，输出也是一组特征，但是输出特征是输入特征的子集，其步骤如下。

（1）搜索过程：在特征空间中搜索特征子集，由选中的特征构成每个子集称为一个状态。

（2）评估过程：输入一个状态，通过评估函数或预先设定的阈值输出一个评估值，搜索算法的目的是使评估值达到最优。

（3）分类过程：使用最终的特征集完成最后的计算。

一般常用特征提取和特征选择的方法来完成特征约简。特征提取和特征选择都是从原始特征中找出最有效（同类样本的不变性、不同样本的鉴别性、对噪声的鲁棒性）的特征。

6.2.2　样本约简

如果已知样本数量很大，样本质量参差不齐，那么通过样本约简就可以从数据集中选出一个有代表性的样本子集。确定子集大小的因素是计算成本、存储要求、估计量的精度以及与算法和数据特性相关的因素。

1. 随机抽样

随机抽样方法的特点是要使总体中每个个体被抽取的可能性都相同。当总体中的个体数较少时，常采用抽签的方法抽取样本，即将总体中的每个个体依次编上号码 1，2，3，…，m，制作一套与总体中每个个体号码相对应的、形状大小相同的卡片号签，并将卡片号签均匀搅拌，从中抽出一个卡片号签，这个卡片号签所对应的每个个体就组成一个样本。

2. 系统抽样

系统抽样又称为等距抽样，当总体中个体数较多，且其分布没有明显的不均匀情况时，常采用系统抽样。一般情况下，可将总体分成均衡的若干部分，然后按照预先定好的规则，从每一部分抽取相同个数的个体，这样的抽样即系统抽样。例如，从 10 000 名参加考试的学生成绩中抽取 100 名学生的数学成绩作为一个样本，可按照学生准考证号的顺序每隔 100 名抽一个。假定在 1 ~ 10 000 的号码中任取 1 个得到的是 37 号，那么从 37 号起，每隔 100 个号码抽取一个号，依次为 37，137，237，…，9 937。

3. 分层抽样

分层抽样又称为类型抽样，是指先将总体单位按主要标志加以分类，分成互不重叠且有限的类型，使其成为层，然后从各层中独立地随机抽取单位。当总体由有明显差异的几个部分组成时，用上面两种方法抽出的样本，其代表性都不强。这时要将总体按差异情况分成几个部分，然后按各部分所占的比进行抽样，这种抽样叫作分层抽样。

6.2.3 数据立方体聚集

数据立方体是一类多维矩阵，让用户从多个角度探索和分析数据集，通常是一次同时考虑三个维度。

当从一堆数据中提取信息时，需要使用工具找到那些有关联的和重要的信息，以及探讨不同的场景。比如一份报告，不管是印在纸上还是出现在屏幕上，都是数据的二维表示，是行和列构成的表格。

数据立方体是二维表格的多维扩展，如同几何学中立方体是正方形的三维扩展一样。立方体是三维的物体，将三维的数据立方体看作是一组类似的互相叠加起来的二维表格。

数据立方体可以存储多维聚集信息。例如，图 6-2 所示的是一个数据立方体，用于各分部每类商品年销售的多维数据分析。其在每个单元存放一个聚集值，对应于多维空间的一个数据点。每个属性都可能存在概念分层，允许在多个抽象层进行数据分析。例如，分层使得分部可以按它们的地址聚集成地区。数据立方体提供对预计算的汇总数据进行快速访问，因此适合联机数据分析和数据挖掘。

在最低抽象层创建的立方体称为基本方体。基本方体应对应个体实体，如销售额或客户，最低抽象层对于分析有帮助。在最高抽象层创建的立方体称为顶点方体。对于图 6-2 中的销售数据，顶点方体将给出一个汇总值，即所有商品类型、所有分部在 2008 年、2009 年和 2010 年这三年中每年的总销售额。对不同层创建的数据立方体称为方体，我们可以将数据立方体看作是方体的格，每个较高层抽象将进一步减小结果数据的规模，当使用 OLAP（Online Analytical Processing，联机分析处理）查询或数据挖掘查询时，应当使用与给定任务相关

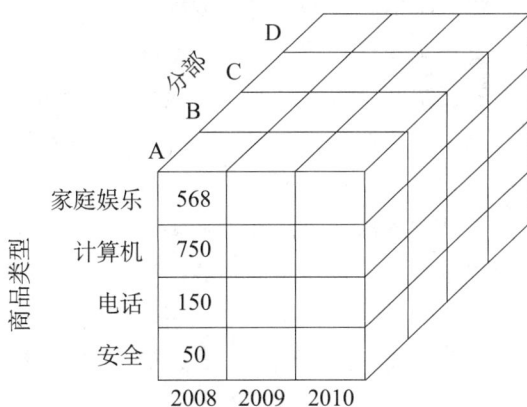

图 6－2　数据立方体

的最小可用方体。

6.2.4　维数约简

我们在进行高维数据分析时，存在以下两个主要困难。一个问题是欧氏距离问题。在二维至十维的低维空间中，欧氏距离是有意义的，可以用来度量数据之间的相似性，但在高维空间就没有太大意义了。由于高维数据的稀疏性，将低维空间中的距离度量函数应用到高维空间时，随着维数的增加，数据对象之间距离的对比性将不复存在，其有效性大大降低。另一个问题是维数膨胀问题。在高维数据分析过程中，碰到最大的问题就是维数的膨胀，也就是通常所说的导致了维数灾难发生。当维数越来越多时，数据计算量迅速上升，所需的空间样本数会随维数的增加而呈指数增长，分析和处理多维数据的复杂度和成本也是呈指数增长，因此就有必要对高维数据进行降维处理。科学大数据具有高维数据特性，随着科学技术的迅速发展，高维大数据增长迅速，利用降维的维数约简方法的研究方兴未艾，现已成为机器学习领域中一个重要的研究热点之一。

1. 维数约简的简介

对于高维数据，通过降维的维数约简方法可以减少冗余数据。

（1）维数灾难出现。在数据处理技术中，数据通常处于一个高维空间中，例如，当处理一个 256 px ×256 px 的图像时，需要将其平拉成一个向量，这样就得到了 65 536 维的数据，如果直接对这些数据进行处理，将出现维数灾难问题。

维数灾难通常是指在涉及向量计算的问题中，随着维数的增加，计算量呈指数倍增长的一种现象。维数灾难在动态规划及模式识别等多学科中都可以遇到。

①在动态规划问题中，维数指的是状态变量的维数。当状态变量的维数增加时，动态规划问题的计算量呈指数倍增长，这就限制了基于动态规划技术解决问题的能力。显然，解决动态规划中的维数灾难的方法就是降维，即将高维的动态规划问题逐步分解为低维的动态规划问题，以此来减轻和避免维数灾难。

②在模式识别问题中，将低维空间线性不可分的模式通过非线性映射到高维特征空间则可能实现线性可分，但如果直接采用这种技术在高维空间进行分类或回归，则存在确定非线性映射函数的形式和参数、特征空间维数等问题，而最大的困难则是在高维特征空间运算时存在的维数灾难，即维数越高，计算量越大。对此，我们采用核函数技术来有效地解决维数灾难。

虽然数据可能具有数以百计的属性，但是其中大多数属性与数据分析并不相关，其是冗余的。尽管领域专家可以挑选出有用的属性，但当数据行为并不清楚时，遗漏相关属性或留下不相关的属性对于数据分析是不利的，如果用维数来表示属性，这也是一项困难的工作。

（2）维数约简的定义。维数灾难问题导致了无法忍受的巨大计算量的出现，而且这些数据通常没有反映出数据的本质特征，如果直接对他们进行处理，不但计算量巨大，而且也不会得到理想的结果。针对这种情况，需要首先对数据进行维数约简，然后对维数约简后的数据进行处理。当然要保证维数约简后的数据特征能反映甚至能揭示原数据的本质特征。

维数约简又称为降维，对于较高维空间的数据库 X，通过特征提取或者特征选择的方法，将原空间的维数降至 m 维，我们将上述过程称为维数约简。

维数约简是相对于维数灾难或者高维数据提出的，其本义就是降低原来的维数，并保证原数据库的完整性，更广泛地说就是防止了维数灾难的发生，通过维数约简之后可以达到下述主要目的。

①压缩数据以减少存储量。

②去除噪声的影响。

③从数据中提取特征以便进行分类。

④将数据投影到低维可视空间，以便于看清数据的分布情况。

对付高维数据问题基本的方法就是维数约简，即将维数据约简成 m 维数据，并能保持原有数据集的完整性，在 m 维上进行数据挖掘不仅效率更高，而且挖掘出来的结果与原有数据集所获得结果基本一致。分析现有的数据挖掘模型，用于数据维数约简的基本策略归纳起来有两种。一种策略是从有关变量中消除无关、弱相关和冗余的维，寻找一个变量子集来构建模型。换句话说就是在所有特征中选择最优代表性的特征，称为特征选择。另一种策略是特征提取，即通过对原始特征进行某种操作获取有意义的投影，也就是把原始变量变换为 m 个变量，在 m 上进行后续操作。

2. 维数约简分类

基于不同的分类标准，维数约简可分成不同的类别，常用下述三种分类基准。

（1）约简维数的大小。按约简维数的大小进行分类有以下三种情况。

①硬维数约简。硬维数约简通常处理成百上千维的问题，包括模式识别、图像和语音在内的分类问题，如人脸识别、特征识别、听觉模式等都属于硬维数约简问题。所以对于硬维数约简来说，其约简过程研究异常活跃。

②软维数约简。软维数约简通常处理的问题仅为几十维的数据，比硬维数约简的维数要

少很多，如在社会科学、心理学中的大多数统计分析都属于这一类。由于需要约简的维数较少，所以不是很困难。

③可视化。可视化所研究的问题是数据本身具备一个很高的维数，但是需要约简它到一维、二维或者三维空间，并将其可视化。通常是将数据可视化到五维数据集，其分别利用颜色、旋转、立体投影法、图像字符或者其他装置等进行可视化，但缺乏对一个样本点的吸引力描述。

（2）数据时序。基于数据时序的维数约简可以分为静态维数约简和时间相关维数约简，时间相关维数约简通常用于处理时间序列，如视频序列和连续语音等。

（3）有无监督信息。按有无监督信息进行分类有以下三种情况。

①监督式维数约简。监督式维数约简是一种监督学习过程，利用一组已知类别的样本调整分类器的参数，使其达到所要求性能的过程，也称为监督训练或有导师学习。用来进行学习的数据就是与被识别对象属于同类的有限数量样本，监督学习中进行学习样本的同时，还告诉计算机各个样本所属的类别。

②半监督式维数约简。半监督式维数约简主要考虑如何利用标注样本和未标注样本进行训练和分类。

③非监督式维数约简。非监督式维数约简是指约简过程的学习样本不带有类别信息。

除了上述三种维数约简之外，还可以将其分为线性维数约简和非线性维数约简。

线性维数约简的方法主要有 PCA（Principal Components Analysis，主成分分析技术）、ICA（Independent Component Algorithm，独立成分分析技术）、LDA（Linear Discriminant Analysis，线性判别分析技术）、LFA（Local Feature Analysis，局部特征分析技术）等。

非线性维数约简又分为基于核函数的方法和基于特征值的方法，其中基于核函数的方法有 KPCA（Kernel Principal Component Analysis，基于核函数的主成分分析）、KICA（Kernel Independent Component Analysis，基于核函数的独立成分分析）、KDA（Kernel Discriminant Analysis，基于核函数的决策分析）等。基于特征值的方法有 LLE（Locally Linear Embedding，局部线性嵌入）等。

6.2.5　数值约简

数值约简是利用替代的方式，使用较小的数据表示替换或估计数据，进而可以减少数据量。数值约简技术分为有参数值约简技术和无参数值约简技术。有参数值约简技术是使用模型来评估数据，其只使用参数，而不是实际值，如线性回归和对数线性模型就使用了有参数值约简技术。无参数值约简技术主要用于存放约简数据的表示，其主要有直方图、聚类和选择等。

1. 有参数值约简

（1）线性回归。在线性回归中，通过数据建模使输入与输出的关系为一条直线，例如，用 $Y = a + bX$ 将随机变量 Y 表示为另一个随机变量 X 的线性函数。其中响应变量 Y 的方差是常量，X 是预测变量，系数 a 和 b 称为回归系数，分别表示直线的 Y 轴截距和斜率。系数可以用最小平方法获得，使得分离数据的实际直线与该直线间的误差最小。多元回归是线性回归的扩充，响应变量是多维特征向量的线性函数。

（2）对数线性模型。对数线性模型是近似离散概率模型，基于较小的方体形成数据立方体的格，该方法用于估计具有离散属性集的基本方体中每个格的概率，其允许使用较低阶的立方体构造较高阶的数据立方体。由于对数线性较小阶的方体总计占用空间小于基本方体占用空间，所以对于立方体压缩是有用的。而对基本方体进行估计相比，使用较小阶的方体对单元进行估计选样变化小，所以其对于数据平滑对数线性模型也是有用的。

回归和对数线性模型都可用于稀疏数据。此外，回归适于倾斜数据，而对数线性模型伸缩性好，可以扩展到十维左右。

2. 无参数值约简

（1）直方图。直方图是一种统计报告图，由一系列高度不等的纵向条纹或线段表示数据分布的情况。一般用横轴表示数据类型，纵轴表示分布情况。

直方图使用分箱近似数据分布，是一种流行的数据约简方式。属性 A 的直方图将 A 的数据分布划分为不相交的子集或桶。桶安放在水平轴上，而桶的高度表示该桶所代表的值的频率，如果每个桶代表单个属性值时，则该桶称为单桶，通常桶表示给定属性的连续区间，如图 6-3 所示。

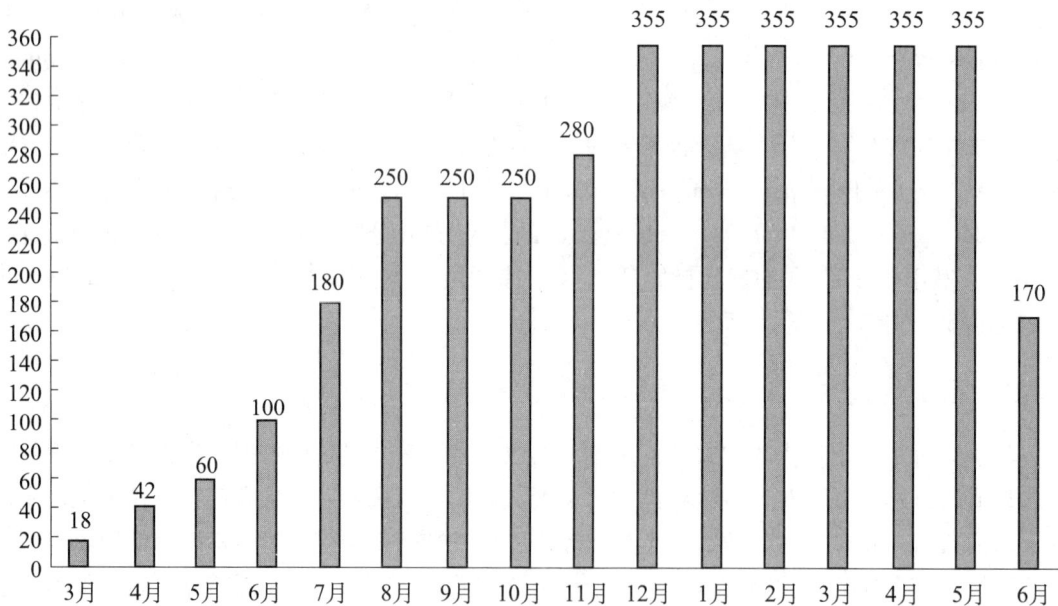

图 6-3　直方图

桶和属性值的划分原则如下。

①等宽：在等宽的直方图中，每个桶的宽度区间是一个常数。

②等深：在等深的直方图中，每个桶的频率为常数，即每个桶包含相同数的临近数据样本。

③V－最优直方图：给定桶个数，V－最优直方图是具有最小方差的直方图。直方图的方差是指每个桶代表的原数据的加权和，其中权等于桶中值的个数。

④最大差直方图：在最大差直方图中，考虑每对相邻值之间的差。

（2）聚类。在数值约简中，可以用数值的聚类来代替实际数据，其有效性与数据的性质密切相关。如果能够组织成不同的聚类，则该技术有效。

（3）选择。选择是数值约简的一种方法，可以用数据的较小随机样本表示大数据集。如果大数据集 D 包含了 N 个元组，则有下述选择。

①简单选择 n 个样本，不回放：在 D 的 N 个元组中，抽取 n 个样本，$n < N$，D 中任何元组被抽取的概率为 $1/N$，即所有元组抽取机会相等。

②简单选择 n 个样本，回放：当一个元组被抽取之后，将其记录并放回，于是这个被放回的元组还有机会再次被抽取。

③聚类选择：如果 D 中的元组被分组放入 M 个互不相交的聚类，则可以得到聚类的 m 个简单选择，这里 $m < M$。例如，数据库元组通常一次取一页，每一页就可以看作一个聚类。

④分层选择：如果 D 被划分成互不相交的部分，称为层，则对每一层的简单随机选择就可以得到 D 的分层选择。特别是当数据倾斜时，可以确保样本的代表性。例如，我们可以得到关于顾客数据的分层选择，其中分层以顾客的每个年龄组进行创建，这样具有最少顾客数目的年龄组肯定能够表示。

在数据约简中，选择常用于回答聚集查询。在指定的误差范围内，可以估计一个给定的函数在指定误差范围内所需要的样本大小。样本大小 n 相对于 N 可能很小。对于约简数据集逐步求精，选择是一种自然选择，而遮掩集合可以通过简单增大样本大小而进一步提炼。

6.3　数据集成技术概述

没有高质量的数据就不可能有高质量的分析结果。为了得到一个高质量的适于分析的数据集，一方面需要通过数据清洗来消除脏数据，另一方面也需要针对分析目标进行数据选择。

例如，为了解某地的旱情，需要将来自卫星、飞机和地面传感器的诸多类型数据融合起来，以便更好地了解水的动态分布，这里需要计算方法来整合约简数据，其目的是辨别出需要分析的数据集合，缩小处理范围，提高数据分析的质量，从而理解其意义。数据选择可以使后面的数据分析工作聚焦到和分析任务相关的数据集中，这样不仅提高了分析效率，而且也保证了分析的准确性。数据选择可以采用对目标数据进行正面限制或条件约束，挑选那些符合条件的数据，也可以通过对不感兴趣的数据加以排除，只保留那些可能感兴趣的数据。必须深入分析应用目标对数据的要求，以确定合适的数据选择和数据过滤策略，才能保证目标数据的质量。此外，需要将被挑选的数据整理成合适的存储形式，才能被分析算法所使用。

数据分析和数据挖掘离不开数据集成，尤其对于大数据分析，数据集成必不可少。数据集成技术具有广泛的应用，在人工智能领域主要通过描述逻辑来描述数据源之间的关系，机器学习为数据集成系统、半自动化建立语义映射提供了一种方法，并且具有巨大的应用潜力。

数据存储中的数据管理就是静态数据持久化的问题。而对不同的系统、应用、数据存储以及组织之间交互的运动数据的管理则是每一个组织高效能的核心。可信任的、可用的数据对于每个组织的成功来说绝对至关重要，使数据可信任的过程是数据治理和数据质量管理所要解决的问题，而使数据可用就是在正确的地方、正确的时间并且以正确的格式获得相应的数据，其是数据集成的重要目标。

6.3.1　数据集成的概念与相关问题

由于信息系统的开发时间或开发部门不同，导致了多个异构的、在不同的软硬件平台上运行的独立信息系统的出现，这些信息系统的数据源彼此独立、相互封闭，使得数据难以在系统之间交流、共享和融合，从而构成了众多的信息孤岛。信息孤岛带来的问题是使不同软件之间，尤其是不同部门之间的数据不能共享，造成了系统中存在大量冗余数据、垃圾数据，无法保证数据的一致性，严重地阻碍了企业信息化建设的整体进程。

随着信息化应用的不断发展，企业内部、企业与外部信息交互日益强烈，急切需要对已有的信息进行整合，连通信息孤岛，共享信息。正是在这一背景下，数据集成技术应运而生，并得以迅速发展。

1. 数据集成的概念

数据集成是应用、存储以及各组织之间传送的数据管理实践活动，其主要考虑合并规整数据问题。

数据集成是指将不同来源、不同格式、不同特点与不同性质的数据在逻辑上或物理上有机地集中，存放在一个一致的数据存储（如数据仓库）中。图 6-4 所示为数据集成示意。

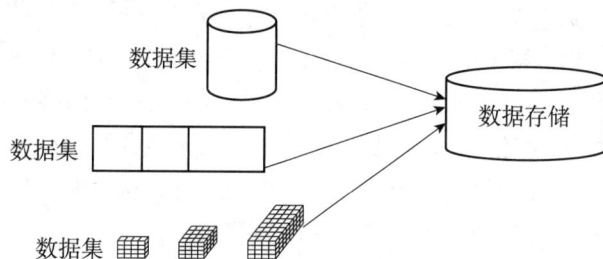

图 6-4　数据集成示意

数据集成最复杂和困难的问题是数据格式转换，也就是将多种数据格式转换为统一的格式，这是在数据集成中经常遇到的问题。为了完成数据格式转换，人们需要理解被整合的数据及其数据结构，需要在技术和业务上很好地把握。图 6-5 表示将来自多个不同数据源的不同格式的数据转换为统一格式的目标数据转换描述。很多数据转换可以简单地通过从技术上改变数据的格式而实现，但更常用的情况是通过一些额外的信息，如通过转换查找表，可以更为高效地将源数据转换为目标数据。

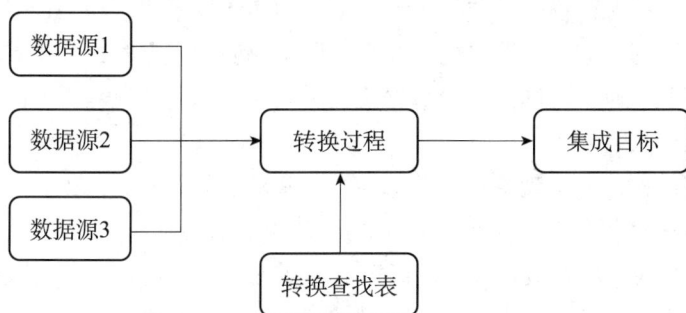

图 6-5 将数据转换为统一格式

2. 数据集成系统

我们将实现数据集成的系统称为数据集成系统。数据集成系统可以将来自各种不同的数据源的数据集成，形成统一的数据集，为用户提供统一的数据访问接口，执行用户对数据的访问请求，其模型如图 6-6 所示。

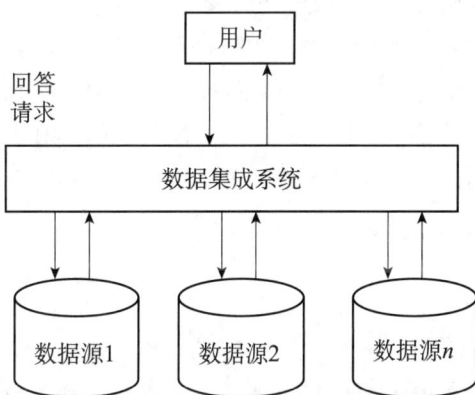

图 6-6 数据集成系统模型

数据集成的数据源主要是指各类数据库、XML 文档、HTML 文档、电子邮件、普通文件等结构化、半结构化和无结构化数据。数据集成是信息系统集成的基础和关键，好的数据集成系统能够保证用户以低代价、高效率使用异构的数据。

6.3.2 数据集成的核心问题

1. 异构性

由于被集成的数据源是独立开发的异构数据模型，所以将给集成带来很大困难。这些异构性主要表现在数据语义、相同语义数据的表达形式和数据源的使用环境等方面。

当数据集成需要考虑数据的内容和含义时，就进入到语义异构的层次上。语义异构要比语法异构更为复杂，需要破坏字段的原子性，即需要直接处理数据内容。常见的语义异构包括字段拆分、字段合并、字段数据格式变换、记录间字段转移等方式。语法异构和语义异构的区别可以追溯到数据源建模时的差异。当数据源的实体关系模型相同，只是命名规则不同时，造成的只是数据源之间的语法异构；当数据源构建实体模型时，如果采用不同的粒度划分、不同的实体间关系以及不同的字段数据语义表示，必然会造成数据源间的语义异构，给数据集成带来很大麻烦。

数据集成系统的语法异构现象存在普遍性。一些语法异构较为规则，可以用特定的映射方法解决，但还有一些不易被发现的语法异构，使得数据源在构建时隐含了一些约束信息，在数据集成时，这些约束不易被发现，进而造成错误的产生。例如，某个数据项用来定义月份，隐含着其值只能在 $1 \sim 12$ 之间，而集成时如果忽略了这一约束，有可能造成错误的结果。

2. 分布性

数据源异地分布，并且利用网络传输数据，这就存在网络传输的性能和安全性等问题。

3. 自治性

各个数据源有很强的自治性，可以在不通知集成系统的前提下改变自身的结构和数据，这对数据集成系统的鲁棒性提出了挑战。

在上述三个问题中，异构性表现较为突出。数据源的异构性一直是困扰数据集成系统的核心问题，异构性的难点主要表现在语法异构和语义异构。语法异构一般是指源数据和目的数据之间命名规则及数据类型存在不同。对数据库而言，命名规则指表名和字段名。语法异构相对简单，只要实现字段到字段、记录到记录的映射，解决其中的名字冲突和数据类型冲突，这种映射容易实现。因此，语法异构无须关心数据的内容和含义，只要知道数据结构信息，完成源数据结构到目的数据结构之间的映射就可以了。

6.4 数据迁移

当一个应用被新的定制应用或者新的软件包所替换时，就需要将旧系统中的数据迁移到新的应用中。如果新应用已经在生产环境下使用，此时只需要增加这些额外的数据；如果新应用还没有正式使用，就需要设置空数据结构以增加这些新增的数据。如图 6-7 所示，数据转换过程同时与源应用程序和目标应用系统交互，将按源应用程序的技术格式定义的数据移动并转换为目标应用系统所需要的格式和结构。这仅允许拥有数据的代码进行数据更新操作，而不是直接更新目标数据结构。然而在许多情况下，数据迁移进程直接与源数据结构或者目标数据结构交互，而不是通过应用接口进行交互。

对于持久化数据（静态数据）和运动中的数据，数据访问和安全管理都是主要的关注点。持久化数据的安全通过不同层次的管理来实现，即物理层、网络层、服务器层、应用层

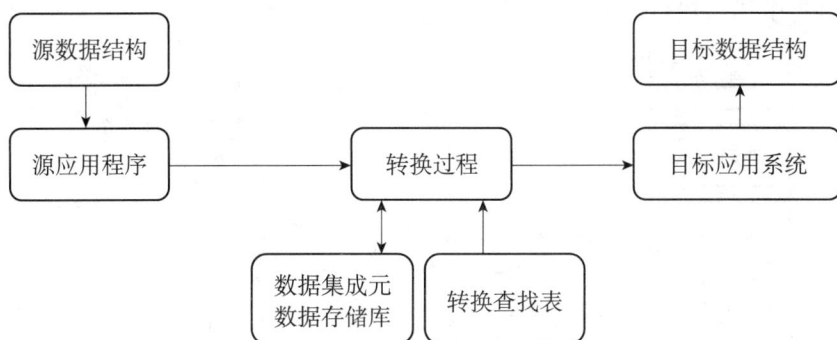

图 6-7　数据应用迁移

以及数据存储层，而在不同的应用和组织之间传送的数据则需要额外的安全措施来对传输中的数据进行保护，以防止非法访问，如采用在发送端进行加密而在接收端进行解密等措施。

在故障恢复处理过程中，持久化和临时数据处理这两类恢复技术既有差别又有关联。事实上，每个技术和工具都能够提供一些不同的恢复方法，以便提供不同的业务和技术解决方案。我们在选择适当的恢复方案时需要考虑两个重要的方面，即某次失效发生时可以允许多少数据丢失，以及恢复之前系统可以停机多长时间。允许丢失的数据量越小，系统停机时间越短，恢复方案就越昂贵。

对于持久化数据，我们需要更多地关注所要存储的数据的模型和结构，而对于运动中的数据管理，则在于如何在不同的系统之间关联、映射以及转换数据。在数据集成实施过程中也有一个非常重要的部分，即需要对临时数据进行建模，并对应用之间传送的数据使用中央模型，这就是规范化建模。

6.4.1　在组织内部移动数据

在大中型组织内部拥有数以百计甚至千计的应用系统，这些应用系统都拥有不同的数据库或者其他形式的数据存储，如 OldSQL 数据库、NoSQL 数据库、NewSQL 数据库或者其他结构的数据库。不管数据存储的是文档、消息或者音频文件，重要的是这些应用之间能够共享信息，那些不与组织内部的其他系统之间共享数据的单个孤立的应用系统将逐渐变得越来越没有用处。在很多组织中，信息技术计划的重点通常围绕着高效管理数据库或者其他数据存储中的数据，而数据集成方案的实施往往伴随着数据持久化方案的实施，如数据仓库、数据管理、商务智能以及元数据存储库。

传统的数据接口通常在两个系统之间用点对点的方式构建，即一个接口发送数据，另外一个接口接收数据。大多数数据集成需求确实包含这种情况，即多个应用系统需要在多个来自其他应用系统的数据发生更新时被实时通知。如果以点对点的方式来实现这种需求，那么我们很快会发现这个方案异常复杂，而且管理困难。如图 6-8 所示，通过设计特殊的数据管理方案，即合并点的数据移动，把特定用途的数据进行集中，这样简化了组织的数据集成，使其更为标准化，如数据仓库和数据管理。

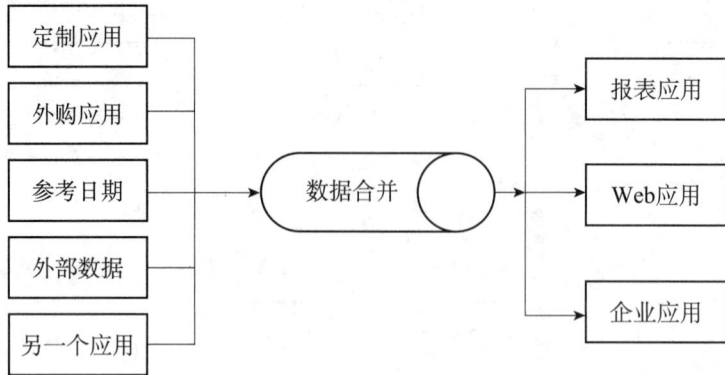

图 6-8 合并点的数据移动

实时数据集成策略和方案则需要以不同于点对点的方式去设计数据的移动，如图 6-9 所示，其为在组织内移动数据。

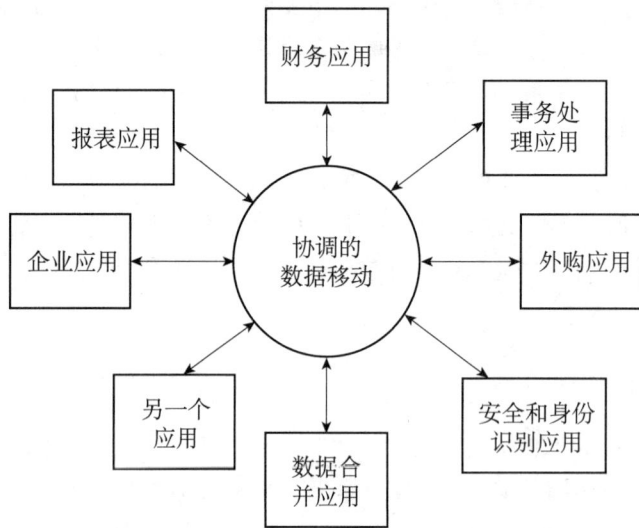

图 6-9 在组织内移动数据

6.4.2 非结构化数据集成

传统的数据集成只包含数据库中存储的数据，而大数据需要将数据库中的结构化的数据与存储在文档、电子邮件、网站、社会化媒体、音频以及视频文件中的数据进行集成。将各种不同类型和格式的数据进行集成需要使用与非结构化的数据相关联的键或者标签（或者元数据），而这些非结构化数据通常包含了与客户、产品、雇员或者其他主数据相关的信息。通过分析包含了文本信息的非结构化数据，就可以将非结构化数据与客户或者产品相关联。因此，一封电子邮件可能包含对客户和产品的引用，这可以通过对其包含的文本进行分析识别出来，并据此对该邮件加上标签。一段视频可能包含某个客户信息，可以通过将其与客户图像进行匹配，加上标签，进而与客户信息建立关联。对于集成结构化和非结构化的数据来说，元数据和主数据是非常重要的概念。如图 6-10 所示的非结构化数据集成，如文档、电子邮件、音频、视频文件，可以通过客户、产品、雇员或者其他主数据引用进行搜索。主数据引用作为元数据标签附加到非结构化数据上，在此基础上就可以实现与其他数据源和其他类型的数据进行集成。

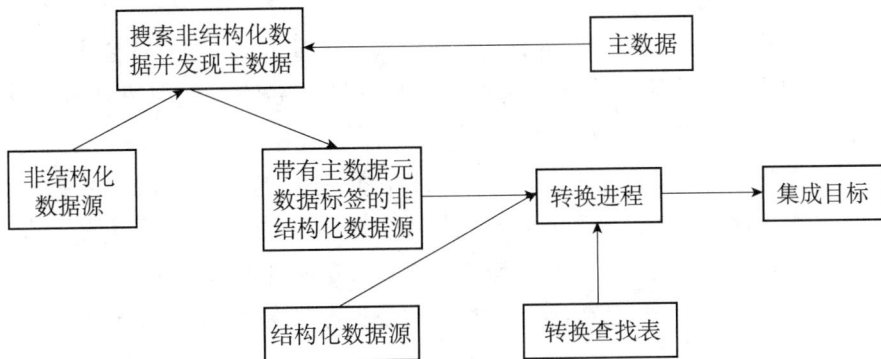

图 6-10　非结构化数据集成

6.4.3　将处理过程移动到数据端

大数据导致将处理分布到数据所处的多个不同位置上比将数据集中到一起处理更为高效，因此，大数据是以与传统数据完全不同的方式去实现数据集成。如图 6-11 所示，在处理大数据的场合下，将处理过程移动到数据端进行处理，然后将相对较小的结果合并，这种方式更为高效。

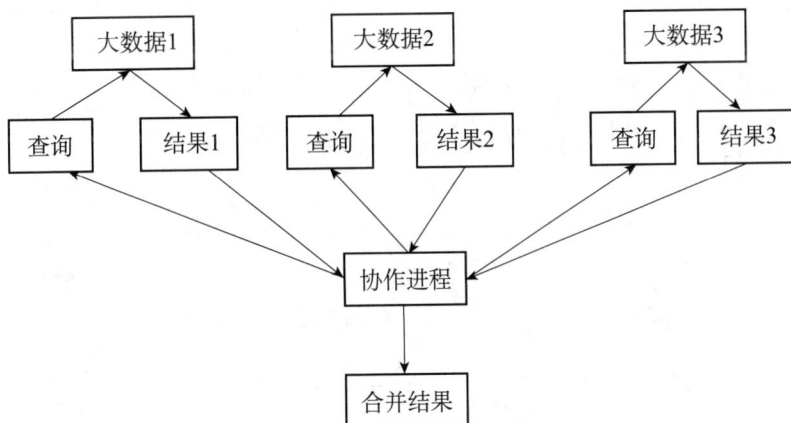

图 6-11　将处理过程移动到数据端

6.5　数据集成模式

在数据集成方面，我们通常采用联邦数据库集成模式、中间件集成模式和数据仓库集成模式来构建集成系统，这些技术注重数据共享和决策支持等问题。

6.5.1　联邦数据库集成模式

联邦数据库集成模式是一种常用的数据集成模式，其基本思想是在构建集成系统时将各个数据源的数据视图集成为全局模式，使用户能够按照全局模式透明地访问各数据源的数据。全局模式描述了数据源共享数据的结构、语义及操作等。用户直接在全局模式的基础上提交请求，由数据集成系统处理这些请求，并将其转换成各个数据源的本地数据视图能够执行的请求。联邦数据库集成模式的特点是直接为用户提供透明的数据访问方法，由于用户使用的全局模式是虚拟的数据源视图，所以也可以将该方法称为虚拟视图集成方法。这种集成模式要解决两个基本问题，一个是构建全局模式与数据源数据视图之间的映射关系，另一个是处理用户在全局模式上的查询请求。

联邦数据库系统是一个彼此协作却又相互独立的单元数据库的集合，它将单元数据库系统按不同程度进行集成，对该系统整体提供控制和协同操作的软件叫作联邦数据库管理系统，一个单元数据库可以加入若干个联邦系统，每个单元数据库系统的 DBMS（Database Management System，数据库管理系统）可以是集中式的，也可以是分布式的，或者是另外一个联邦数据库管理系统。

在联邦数据库中，各数据源共享一部分数据模式，形成一个联邦模式。联邦数据库系统能够统一访问任何信息存储中以任何格式（结构化的和非结构化的）表示的任何数据。联邦数据库系统按集成度可分为两类：紧密耦合联邦数据库系统和松散耦合联邦数据库系统。联邦数据库系统具有透明性、异构性、高级功能、底层联邦数据源的自治、可扩展性、开放性和优化的性能等特征，其缺点是查询反应慢，不适合频繁查询，而且容易出现锁争用和资源冲突等问题。图 6 - 12 所示的是联邦数据库系统的体系结构。

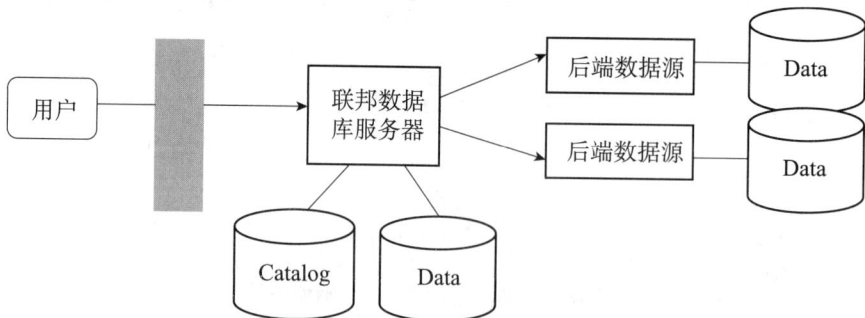

图 6 - 12　联邦数据库系统的体系结构

1. 紧密耦合联邦数据库系统

紧密耦合联邦数据库系统使用统一的全局模式，将各数据源的数据模式映射到全局数据模式上，解决了数据源间的异构性。这种方法集成度较高，用户参与少，其缺点是构建一个全局数据模式的算法复杂，扩展性差。

2. 松散耦合联邦数据库系统

松散耦合联邦数据库系统没有全局模式，其采用联邦模式。该方法提供统一的查询语言，将很多异构性问题交给用户自己去解决。松散耦合方法对数据的集成度不高，但其数据源的自治性强、动态性能好，集成系统不需要维护一个全局模式。

6.5.2 中间件集成模式

中间件集成模式是比较流行的数据集成模式，其通过统一的全局数据模型来访问异构的数据库、遗留系统和 Web 资源等。中间件位于异构数据源系统（数据层）和应用程序（应用层）之间，向下协调各数据源系统，向上为访问集成数据的应用提供统一数据模式和数据访问的通用接口。中间件集成系统则主要为异构数据源提供一个高层次检索服务，它同样使用全局数据模式，通过在中间层提供一个统一的数据逻辑视图来隐藏底层的数据细节，使得用户可以把集成数据源看作一个统一的整体。这种模型的关键问题是如何构造这个逻辑视图，并使得不同数据源之间能映射到这个中间层。

与联邦数据库不同，中间件集成系统不仅能够集成结构化的数据源信息，还可以集成半结构化或非结构化数据源中的信息，如 Web 信息。在 1994 年出现的 TSIMMIS 系统就是一个典型的中间件集成系统。

典型的基于中间件的数据集成系统模型如图 6 - 13 所示，其主要包括中间件和封装器，其中每个数据源对应一个封装器，中间件通过封装器和各个数据源交互。用户在全局数据模式的基础上向中间件发出查询请求，中间件处理用户请求，将其转换成各个数据源能够处理

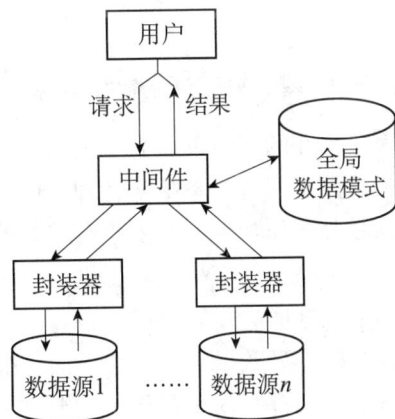

图 6 - 13 基于中间件的数据集成系统模型

的子查询请求，并对此过程进行优化，以提高查询处理的并发性，减少响应时间。封装器对特定数据源进行封装，将其数据模型转换为系统所采用的通用模型，并提供一致的访问机制。中间件将各个子查询请求发送给封装器，由封装器来和其封装的数据源交互，执行子查询请求，并将结果返回给中间件。

中间件集成模式注重全局查询的处理和优化，相对于联邦数据库集成模式的优势在于它能够集成非数据库形式的数据源，查询性能强，自治性强。中间件集成模式的缺点是通常仅支持只读的方式，而联邦数据库集成模式对读写方式都支持。

6.5.3　数据仓库集成模式

数据仓库集成模式是一种典型的数据复制方法。该方法将各个数据源的数据复制到数据仓库中，用户则像访问普通数据库一样直接访问数据仓库，基于数据仓库的数据集成模型如图 6－14 所示。

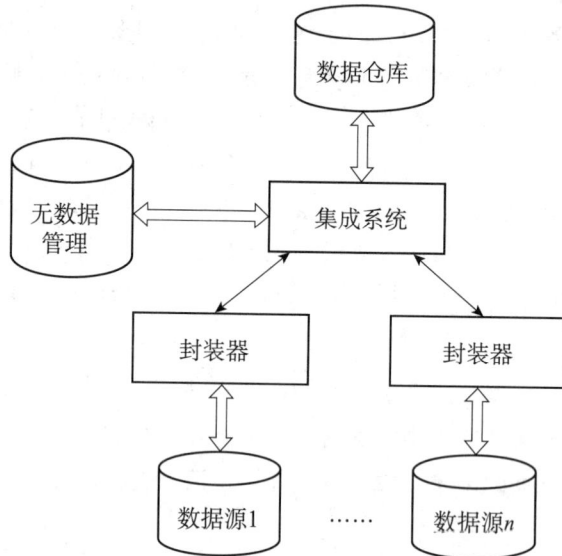

图 6－14　基于数据仓库的数据集成模型

数据仓库是在数据库已经大量存在的情况下，为了进一步挖掘数据资源和决策需要而产生的。大部分数据仓库还是用关系数据库管理系统来管理，但它绝不是大型数据库。数据仓库方案建设的目的是将前端查询和分析作为基础，由于有较大的冗余，所以需要的存储容量也较大。数据仓库是一个环境，而不是一件产品，其提供用户用于决策支持的当前数据和历史数据，这些数据在传统的操作型数据库中难以获得。

数据仓库技术是为了有效地把操作型数据集成到统一的环境中以提供决策型数据访问的各种技术和模块的总称，其所做的一切都是为了让用户更快、更方便地查询所需要的信息，以提供决策支持。

简而言之，从内容和设计的原则来讲，传统的操作型数据库是面向事务设计的，数据库中通常存储在线交易数据，设计时尽量避免冗余，一般采用符合范式的规则来设计。而数据仓库是面向主题设计的，数据仓库中存储的一般是历史数据，在设计时有意引入冗余，采用反范式的方式来设计。

此外，从设计的目的来讲，数据库是为捕获数据而设计，而数据仓库是为分析数据而设计，它的两个基本元素是维表和事实表。维是看问题的角度，如时间、部门等，维表中存放的就是这些角度的定义。事实表中则存放着需要查询的数据和维的 ID。

Hive 是基于 Hadoop 的一个数据仓库工具，可以将结构化的数据文件映射为一张数据库表，并提供简单的 SQL 查询功能，可以将 SQL 语句转换为 MapReduce 任务进行运行。其优点是学习成本低，可以通过类 SQL 语句快速实现简单的 MapReduce 统计，不必开发专门的MapReduce 应用，十分适合数据仓库的统计分析。

本章小结

在数据预处理中，通过数据变换可将数据转换成适于挖掘的形式，将属性数据规范化，使得它们可以落在较小的区间。利用数据约简技术，如数据立方体聚集、维数约简、数值约简等，不但可以用来得到数据的约简表示，而且使得信息内容的损失更小。通过数据迁移、数据集成模式、数据集成系统，可将数据从一个应用迁移到另外一个应用，并将所有的信息进行整合。

习　题

一、选择题

1. 数据约简主要有特征约简、样本约简、(　　　) 和数值约简等。

 A. 维数约简   B. 归一化   C. 数据变换   D. 一致性

2. 样本约简主要包括系统抽样、(　　) 和 (　　) 等。

 A. 随机抽样 B. 重点抽样   C. 确定抽样   D. 分层抽样

3. 基于约简维数的大小分类，维数约简可以分为 (　　)、(　　) 和 (　　)。

 A. 硬维数约简   B. 可视化

 C. 统计维数约简   D. 软维数约简

4. 数据集成需要考虑的问题是 (　　)、(　　) 和 (　　)。

 A. 数据容量问题   B. 数据冲突的检测与处理问题

 C. 实体识别问题   D. 冗余问题

二、判断题

1. 虽然约简后的数据集变小了，而且不能保持原始数据的完整性，但在这样的数据集上挖掘，仍然能够获得与约简前相同的分析结果。(　　)

2. 特征约简是在提高原有判别能力的前提下，从原有的特征中删除不重要或不相关的特征。(　　)

3. 维数约简是使用编码机制来增大数据集的规模。(　　)

4. 数据集成是指将不同来源、不同格式、不同特点与不同性质的数据在逻辑上或物理上有机地集中，存放在不一致的数据存储（如数据仓库）中。(　　)

5. 大数据量集成一般将处理过程分布到源数据上进行并行处理，并仅对结果进行集成。(　　)

第7章 大数据分析与挖掘技术

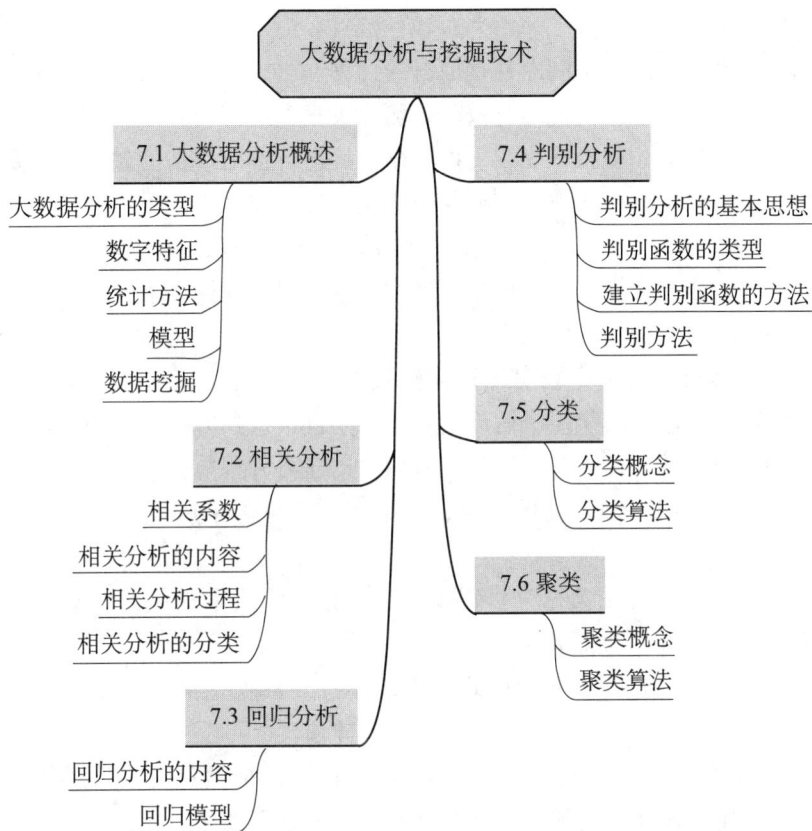

- 掌握：相关分析、分类。
- 理解：回归分析、聚类。
- 了解：判别分析、文本数据的挖掘和大数据分析的类型。

大数据需要分析的是发展趋势。大数据分析与挖掘是大数据技术中最重要的一环，只有通过这一环才能获得更多智能的、深入的、有价值的信息，其是大数据技术的核心技术之一。

7.1　大数据分析概述

大数据分析是指用准确的分析方法和工具来分析经过预处理后的大数据，提取具有价值的信息，进而形成有效的结论，并通过可视化技术展现出来的过程。

大数据分析主要为统计分析，分析方法可以分为基本分析方法和高级分析方法。大数据挖掘方法以建模理论、数据仓库、机器学习等复合技术为主，数据挖掘是大数据分析的核心，占有重要的地位。

分析方法是在已定的假设基础上处理原有的计算方法，将统计数据转化为信息，而这些信息需要获得进一步的认知，转化为有效的预测和决策，这就需要数据挖掘。根据分析结果需要进一步进行数据挖掘才能指导决策，而数据挖掘进行价值评估的过程也需要调整假设和先验约束而再次进行数据分析。数据分析与数据挖掘的主要区别如下。

（1）数据分析通常是分析以往的数据，或者评价某时间段内取得的效果。而数据挖掘的数据量极大，要依靠挖掘算法来找出隐藏在大量数据中的规律和模式，也就是从数据中提取出隐含的、未知的、有价值的信息。

（2）数据分析的分析目标比较明确，分析条件也比较清楚，基本上就是采用统计方法对数据进行多维度的描述，其从一个假设出发，需要自行选择方程或模型来与假设匹配。而数据挖掘不需要假设，其目标不是很清晰，可以自动建立方程与模型。

（3）数据分析通常针对数字化的数据，而数据挖掘可以采用不同类型的数据，如声音和文本等。

（4）数据分析是针对历史数据分析得出各项指标，为决策提供数据支持，而数据挖掘是对数据分析加机器决策，为将来的事件提供决策。

（5）数据分析对结果进行解释，呈现出有效信息。数据挖掘的结果不容易解释，对信息进行价值评估，着眼于预测未来，并提出决策性建议。

（6）数据分析是把数据变成信息的工具，数据挖掘是把信息变成认知的工具，如果需要从数据中获取一定的规律，需要数据分析和数据挖掘结合使用。

7.1.1　大数据分析的类型

从分析的结果上来看，大数据分析主要分为探索性数据分析、证实性数据分析、定性数据分析；从分析的方式上来看，大数据分析主要分为离线数据分析、在线数据分析和交互式分析。

1. 探索性数据分析

从统计学原理可知，数据在被搜集以后，因为对数据结构、数据中隐含的内在统计规律等还不清楚，需要对数据进行研究与探索。

探索性数据分析是指为了形成值得假设的检验而对数据进行分析的一种方法，探索性数据分析是从基于数据本身的角度来说明数据分析方法，其并不涉及模型的假设和统计推断，而是采用非常灵活的方法来探究数据分布的大致情况，其主要内容包括基本数字特征、绘制直方图、茎叶图和箱线图等，为进一步结合模型的研究提供线索。

探索性数据分析是从原始数据入手，完全以实际数据为依据。传统的统计方法是先以假设数据服从某种分布，如大多数情况下都假定数据服从正态分布，然后用适应这种分布的模型进行分析与预测，但客观实际的多数数据并不满足假定的理论分布（如正态分布），这样实际场合就会偏离严格假设所描述的理论模型，其效果不佳，从而使其应用具有极大的局限性。探索性数据分析不是从某种假设出发，而是完全从客观数据出发去探索其内在的数据规律性。

探索性数据分析可分离出数据的模式和特点，并显示给分析者，而后分析者才能有把握地选择结构分量或随机分量的模型。探索性数据分析还可以用来揭示数据对于常见模型的意想不到的偏离。探索性数据分析既要灵活适应数据的结构，也要对后续分析步骤揭露的模式灵活反应，为进一步结合模型的研究提供线索，为传统的统计推断提供良好的基础并减少盲目性。

（1）探索分析的内容。

①检查数据是否有错误。过大或过小的数据均有可能是奇异值或错误数据。要找出这样的数据并分析原因，然后决定是否从分析中删除这些数据。因为奇异值或错误数据通常对分析的影响较大，不能真实反映数据的总体特征。

②获得数据分布特征。很多分析方法对数据分布有一定的要求，如很多检验就需要数据分布服从正态分布。因此检验数据是否正态分布，就决定了它们是否可以使用只对正态分布数据适用的分析方法。

③对数据规律的初步观察。通过初步观察获得数据的一些内部规律，如两个变量间是否线性相关。

（2）探索分析的考察方法。

探索分析一般通过数据文件在分组与不分组的情况下获得常用统计量和图形，一般以图形方式输出，直观帮助用户确定奇异值、影响点、进行假设检验，以及确定用户要使用的某种统计方式是否适合。

2. 证实性数据分析

证实性数据分析可以评估观察到的模式或效应的再现性。传统的统计推断提供显著性或置信性陈述，证实性数据分析的证实阶段通常还包括将其他有关数据的信息结合进来，以及通过收集和分析新数据来确认结果。

探索性数据分析强调灵活探求线索和证据，而证实性数据分析则着重评估现有证据。探索性数据分析与证实性数据分析在具体运用上可交叉进行，探索性数据分析不仅可用在正式建立统计分析模型之前，而且还可用在正式建立统计分析模型之后，对所拟合的统计模型进行进一步的检查、验证，以提高统计分析的质量。

3. 定性数据分析

定性数据分析是指定性研究照片和观察结果等非数值型数据的分析，其是对对象性质特点的一种概括。

4. 离线数据分析

离线数据分析是指将待分析的数据先存储于硬盘中，然后进行数据分析，离线数据分析用于较复杂和耗时的数据分析和批处理。

5. 在线数据分析

在线数据分析用来处理用户的在线请求，它对响应时间的要求比较高，通常处于秒级。与离线数据分析相比，在线数据分析能够实时处理用户的请求，并且能够允许用户随时更改分析的约束和限制条件。尽管与离线数据分析相比，在线数据分析能够处理的数据量要小得多，但随着技术的发展，当前的在线分析系统已经能够实时地处理数千万甚至数亿条记录。

6. 交互式分析

交互式分析强调快速的数据分析，典型的应用就是数据钻取。其可以通过对数据进行切片和多粒度的聚合，从而通过多维分析技术实现数据钻取，构建执行引擎，好的算法能够提升执行引擎的效率，进而满足交互式分析快速的要求。

7.1.2　数字特征

1. 一维数据的数字特征

假设有一组样本数据 $x_1, x_2, \cdots, x_n$，如果来自总体 X，则这 n 个数据构成一个样本容量为 n 的样本数据观测值。数据分析的目的就是对 n 个样本观测值进行分析，提取数据中有用的信息。研究数据的数字特征是主要的分析方法之一，通过数据的数字特征分析，反映数据的集中位置、分散程度、分布形状等，就可以进一步推断出样本中包含的总体信息。

（1）一维数据的位置特征。

①均值。均值就是平均数，对于 N 个数 $x_1, x_2, x_3, \cdots, x_n$，可将 $(x_1 + x_2 + x_3 + \cdots + x_n)/n$ 称为这 N 个数的算术平均数，简称平均数。平均数是数据的重心。可以看出，均值是反映数据集中趋势的一项指标，描述了数据的集中位置，其是总体平均值的矩估计，更适合正态分布的数据分析。

②众数。众数是在统计分布上具有明显集中趋势点的数值，我们将一组数据中出现次数最多的数值叫众数，有时众数在一组数中有好几个，简单地说，众数就是一组数据中占比例最多的那个数。

例如，数据 2、3、－1、2、1、3 中，2、3 都出现了两次，它们都是这组数据中的众数。

如果所有数据出现的次数都一样，那么这组数据没有众数。例如，1、2、3、4、5 就没有众数。在高斯分布中，众数位于峰值点。

③中位数。中位数又称为中值，对于 N 个数 $x_1, x_2, x_3, \cdots, x_n$，从小到大排序后记为

$$x_{(1)} \leqslant x_{(2)} \leqslant x_{(3)} \leqslant \cdots \leqslant x_{(n)}$$

中位数定义为

$$M = \begin{cases} X_{[(n+1)/2]}, & n \text{ 为奇数} \\ [X_{(n/2)} + X_{(n/2+1)}]/2, & n \text{ 为偶数} \end{cases}$$

中位数是指在从小到大排列或从大到小排列的一组数据中，处在中间位置上的一个数据（或中间两个数据的平均数）。中位数将观测数据分成相同数目的两部分，其中一部分都比这个数小，而另一部分都比这个数大。对于非对称的数据集，中位数更能实际地描述数据的中心。某些数据的变动对它的中位数影响不大。

排序时，从小到大或从大到小都可以，在数据个数为奇数的情况下，中位数是这组数据中的一个数据。但在数据个数为偶数的情况下，中位数是最中间两个数据的平均数，它不一定与这组数据中的某个数据相等。

例如，23、29、20、32、23、21、33、25 的中位数是 24，而 10、20、20、20、30 的中位数是 20。

如果总体分布未知，数据严重偏态，或者有若干异常值，由于平均值所反映的数据集中位置不是十分合理，这时是可以使用中位数的。

④p 分位数。p 分位数又称为百分位数，是中位数的推广。如果将一组数据从小到大排序，并计算相应的累计百分位，则某一百分位所对应数据的值就称为这一百分位的百分位数，可表示为：一组 n 个观测值按数值大小排列，处于 $p\%$ 位置的值称第 p 百分位数。将所有数值由小到大排列并分成四等份，处于三个分割点位置的数值就是四分位数。

第 1 四分位数（Q_1），又称较小四分位数，等于该样本中所有数值由小到大排列后第 25% 的数字。

第 2 四分位数（Q_2），又称中位数 M，等于该样本中所有数值由小到大排列后第 50% 的数字。

第 3 四分位数（Q_3），又称较大四分位数，等于该样本中所有数值由小到大排列后第 75% 的数字。

第 3 四分位数与第一四分位数的差距又称四分位距。

⑤三均值。均值包含了样本 $x_1, x_2, x_3, \cdots, x_n$ 的全部信息，但是当存在异常值时缺乏鲁棒性。中位数 M 具有较强的鲁棒性，但仅用了数据分布中的部分信息。考虑到既要充分利用样本信息，又要具有较强的鲁棒性，可以利用三均值作为数据集中位置的数字特征，三均值 S 计算公式为

$$S = Q_1/4 + M/2 + Q_3/4$$

可以看出，S 是 Q_1、M 和 Q_3 的加权平均，其权重分别为 1/4、1/2 和 1/4。

均值、众数和中位数的特点比较如下。

均值对变量的每一个观察值都加以利用，比众数与中位数可以获得更多的信息。均值对

个别的极端值敏感，因此，当数据有极端值时，最好不要用均值刻画数据。

由于可能无法良好定义算术平均数和中位数，众数特别适用于没有明显次序的数据。

众数、中位数和平均数在一般情况下各不相等，但在特殊情况下也可能相等。例如，在数据6、6、6、6、6中，其众数、中位数、平均数都是6。

中位数与平均数是唯一存在的，而众数不唯一。

众数和中位数可以代表数据分布的大体趋势，并没有对数据中的其他值加以利用，采用何种统计量来刻画数据，需要结合数据的特点及需要说明的问题进行选择。

用众数代表一组数据，虽然可靠性较差，但是众数不受极端数据的影响，并且求法简便。在一组数据中，如果个别数据有很大的变动，选择中位数表示这组数据的集中趋势就比较适合。

（2）数据分散性的数字特性。

上述内容是从数据的集中位置出发，除此之外，还需要关注数据在其中心位置附近分布程度的数字特性，其中最主要的数字特性是样本方差、变异系数、极差，以及上、下截断点和异常值。

①样本方差。方差是在概率论和统计方差中衡量随机变量或一组数据时离散程度的度量。概率论中方差用来度量随机变量和其数学期望（均值）之间的偏离程度。样本方差是每个样本值与全体样本值的平均数之差的平方值的平均数。在许多实际问题中，研究方差有着重要意义。

样本方差是样本相对于均值的偏差平方和的平均，方差是描述数据分布性的一个重要特征，n 个测量值 $x_1, x_2, x_3, \cdots, x_n$ 的样本方差 s^2 的计算公式为

$$s^2 = \frac{1}{n-1} \sum_{i=1}^{n} (x_i - \bar{x})^2$$

其中 $\bar{x}$ 是样本均值。在上述定义式中，如果除以 n，对样本方差的估计不是无偏估计，比总体方差要小，要想是无偏估计就要调小分母，所以除以 $n-1$。

例如，$n=5$，5 个样本观测值分别为 3、4、4、5、4，则样本均值为 $(3+4+4+5+4)/5 = 4$。

样本方差 $s^2 = [(3-4)^2 + (4-4)^2 + (4-4)^2 + (5-4)^2 + (4-4)^2]/4 = 0.5$。

样本方差是描述一组数据变异程度或分散程度大小的指标，其可以理解成是对所给总体方差的一个无偏估计。样本标准差 s 是样本方差的平方根。

②变异系数。变异系数（Coefficient of Variance，CV）又称标准差系数，是标准差与均值的比值。标准差是绝对指标，其值大小不仅取决于样本数据的分散程度，还取决于样本数据平均水平的高低。当进行两个或多个数据变异程度的比较时，在度量单位和均值相同的情况下，可以直接利用标准差来比较，否则，其变异程度比较就不能采用标准差。变异系数可以消除单位和平均值不同对两个或多个数据变异程度比较的影响。

变异系数的计算公式为

$$CV = \frac{s}{\bar{x}} \times 100\%$$

其中 s 为样本标准差，$\bar{x}$ 为样本均值。

③极差。极差也称范围误差或全距，是用来描述数据分散性的指标。数据越分散，则其极差越大。但由于极差取决于两个极值，容易受到异常值影响，所以在实际中应用较少。极差没有充分利用数据的信息，但计算十分简单，仅适用样本容量较小（$n < 10$）的情况。

极差是指一组测量值内最大值与最小值之差，以 R 表示。它是标志值变动的最大范围，是测定标志值变动的最简单的指标。

极差的计算公式为

$$全距 = 最大标志值 - 最小标志值$$

即

$$R = x_{max} - x_{min}$$

其中，x_{max} 为最大值，x_{min} 为最小值。

例如，一组数值为 12、12、13、14、16、21，这组数的极差就是 21 - 12 = 9。

极差越大，表示分得越开，最大数和最小数之间的差就越大，该数越小，数字间就越紧密。

④上、下截断点和异常值。上四分位数与下四分位数之差称为四分位数极差或半极差 R_1，它也是度量样本数据分散性的重要数字特征，其具有隐蔽性，特别是对于异常值的数据，在隐蔽性数据分析中具有重要作用。利用下述方法可以判断数据中是否含有异常值。

定义 $Q_3 + 1.5R_1$、$Q_1 - 1.5R_1$ 为数据的上、下截断点，大于上截断点的数据称为特大值，小于下截断点的数据称为特小值，特大值与特小值统称为异常值。如果需要，可以删除异常值后再对数据进行分析。

（3）数据形状的数据特征。

偏度系数和峰度系数是可刻画数据不对称程度或尾重程度的指标。

①偏度系数。偏度系数是反应曲线偏离正态的程度，即是左偏还是右偏，其正值越大表示越正偏态。偏度系数是描述分布偏离对称性程度的一个特征数，当分布左右对称时，偏度系数为 0。当偏度系数大于 0 时，即重尾在右侧时，该分布右偏。当偏度系数小于 0 时，即重尾在左侧时，该分布左偏。偏度系数为较大的正值，表明该分布具有右侧较长尾部。偏度系数为较大的负值，表明该分布具有左侧较长尾部。

②峰度系数。峰度系数是反应曲线峰值高的程度，值越大表示峰越高。峰度系数是用来反映频数分布曲线顶端尖峭或扁平程度的指标，有时两组数据的算术平均数、标准差和偏态系数都相同，但它们分布曲线顶端的高耸程度却不同。

2. 多元数据的数字特征

一维数据的数字特征方法简单，没有考虑到变量之间的相互关系，其分析结果可能并非有效。如果采用多元统计分析方法，可以揭示其内在的相互数量变化规律，其分析结果通常更为有效。研究多元数据的数字特征使用了多元分析的方法，如样本均值向量与样本协方差矩阵。

7.1.3 统计方法

在自然科学中，统计学方法论是很重要的一个基础。统计学与大数据融合将颠覆传统的思维。统计学是收集、分析、表述和解释数据的科学，其是指对某一现象数据的搜集、整理、计算、分析、解释和表述等活动。在实际应用中，统计包括统计工作、统计数据和统计科学等内容。统计学的目标是揭示现象发展过程的特征和规律性，即从各种类型的数据中提取有价值的信息。

1. 统计工作

统计工作是指利用科学的方法搜集、整理和分析，提供关于某方面的数据工作的总称，它是统计的基础。统计工作是随着人类社会的发展和管理的需要而产生和发展起来的，它是一种认识现象总体的实践过程，主要包括统计设计、统计调查、统计整理和统计分析四个环节。

2. 统计数据

统计数据是指通过统计工作取得的、用来反映现象的数据的总称。统计工作所取得的各项数据一般反映在统计表、统计图、统计手册、统计年鉴、统计数据汇编和统计分析报告中。统计数据也称统计信息，其反映数据、图表数据及其他相关数据一定的特征或规律，其包括调查取得的原始数据和经过一定程度整理、加工的次级数据。

3. 统计科学

统计科学也称统计学，是统计工作经验的总结和理论概括，是系统化的知识体系。统计学是指研究、搜集、整理和分析统计资料的理论与方法，其是应用数学的一个分支，主要通过利用概率论建立数学模型，收集所观察系统的数据，进行量化的分析与总结，并进行推断和预测，为相关决策提供依据和参考，现已被广泛地应用在各门学科之中。

统计学又细分为描述统计学和推论统计学。描述统计学是指给定一组数据，可以摘要并且描述这份数据的统计学。推论统计学是指观察者以数据的形态建立出一个用以解释其随机性和不确定性的数学模型，以之来推论研究中的步骤及母体。这两种用法都被称作应用统计学。

上述的各个方面内容联系紧密，统计资料是统计工作的成果，统计工作与统计科学之间是实践与理论的关系。在它们之中的计算主要有欧几里得距离平均值、中位数、众数、正态分布、抽样、标准差、概率论、检验、方差分析等。

7.1.4 模型

科学就是提出模型并且不断修正的过程。模型在计算机科学与技术领域中异常重要。

1. 模型的定义

模型是所研究的系统、过程、事物或概念的一种表达形式，进一步说，模型是指对于某个实际问题或客观事物、规律进行抽象后的一种形式化表达方式。模型可以是物理实体（物理模型），也可以是某种图形或者是一种数学表达式（逻辑模型或数学模型）。利用模型不仅可以减少大量的实验工作量，还有助于了解过程的实质。下面是常用的四种模型的定义。

（1）模型是根据目的对事物进行的抽象描述。

（2）模型是根据事物、设计图或设想，按比例生成或按其特性制成的与事物相似的物体。

（3）将一个数学结构作为某个形式语言的解释，可以称为模型。如果一个数学结构使得形式理论（形式系统中的一组公式或公理）中的每个公式在这个结构内都解释为真，那么这个数学结构就称为这个理论的一个模型。

（4）模型是为了理解事物而对事物作出的一种抽象，是对事物的一种无歧义性的描述。

2. 模型的组成

任何模型都是由目标、变量和关系三个部分组成。

（1）目标。编制和使用模型，首先要有明确的目标，也就是说，这个模型是干什么用的。只有明确了模型的目标，才能进一步确定影响这种目标的各种关键变量，进而把各变量加以归纳、综合，并确定各变量之间的关系。

（2）变量。变量是可变量，表示事物在幅度、强度和程度上变化的特征。其主要分为自变量、因变量和中介变量三种类型。因变量是行为反应变量，而自变量则是影响因变量的变量。中介变量又称干扰变量，其将使自变量与因变量之间的关系更加复杂，它将削弱自变量对因变量的影响。

（3）关系。确定了目标和确定了影响目标的各种变量之后，还需要进一步研究各变量之间的关系。在确定变量之间的关系时，对何者为因、何者为果的判断应倍加重视。不能因为两个变量之间存在着统计上的关系，就简单地认为它们之间存在着因果关系。对变量间因果关系的判断不能轻率，现实生活中有许多表面上看来是因果关系的情况，实际上并不一定是真正的因果关系。

7.1.5　数据挖掘

数据挖掘是大数据分析的核心，其通过建模和构造算法来获取信息与知识。数据挖掘融合了数据库技术、人工智能、机器学习、统计学、知识工程、面向对象方法、信息检索、云计算、高性能计算以及数据可视化等最新技术的研究成果。

数据挖掘主要注重解决分类、聚类、关联和定量定性预测等问题，其重点是寻找未知的模式与规律。

经过数据获取与存储、抽取、清洗、集成、转换和约简等预处理之后，就可以进入数据分析阶段。数据挖掘工具提供了关联规则、分类、聚类、决策树等多种模型和算法。建立挖掘模型、选取或改进挖掘模型都需要验证，最常用的验证方法是样本学习。先用一部分样本数据建立模型，然后用剩下的非样本数据（测试数据）来测试和验证这个模型。测试数据集可以按一定比例从被挖掘的数据集中提取，也可以使用交叉验证的方法，把学习集和测试集交换验证。在样本数据较小情况下，需要高度的随机性，随机性越高，效果越好。数据挖掘是一个反复的过程，通过反复的交互式执行和验证才能获得结果。

大数据挖掘是从大型数据集（可能是不完全的、有噪声的、不确定性的、各种存储形式的）中挖掘出隐含在其中的、人们事先不知的、对决策有用的知识与信息的过程。

7.2　相关分析

相关分析是研究现象之间是否存在某种依存关系，并对有依存关系的现象，探讨其相关方向以及相关程度，其是研究概率变量之间的相关性的一种统计方法。

7.2.1　相关系数

我们将表示两个随机变量之间线性相关程度的指标系数称为相关系数，进一步说，反映两变量间的线性相关关系的统计指标即线性相关系数。线性相关系数的平方称为判定系数。我们将反映两变量间曲线相关关系的统计指标称为非线性相关系数、非线性判定系数，将反映多元线性相关关系的统计指标称为复相关系数。常用的相关系数的类型主要有简单相关系数、复相关系数和典型相关系数。

1. 简单相关系数

简单相关系数又称为相关系数或线性相关系数，一般用字母 r 表示，用来度量两个变量间的线性关系。

2. 复相关系数

复相关系数又叫多重相关系数，其是指因变量与多个自变量之间的相关关系。例如，某种商品的季节性需求量与其价格水平、职工收入水平等现象之间呈现复相关关系。

3. 典型相关系数

典型相关系数可以描述两个变量之间的相关程度。根据计算方法不同，相应出现了皮尔逊相关系数、斯皮尔曼相关系数和肯德尔相关系数等，我们通常所说的相关系数是指皮尔逊相关系数。

7.2.2　相关分析的内容

相关分析是一种研究变量相关性的统计方法，包括变量之间依存关系是否存在，存在什么样的依存关系，以及相关程度和相关方向等。相关关系是一种非确定性的关系，例如，以 X 与 Y 分别记一个人的身高和体重，则 X 与 Y 显然有关系，而又不能准确地说明可由其中的一个决定另一个的程度，那么这就是相关关系。相关关系在因果分析中有广泛应用，例如，应用相关分析判断指标之间的替代关系和关联度。相关分析可以用来研究两个变量的关系，测定它们之间联系的紧密程度。

相关分析是测定现象之间相关关系的规律性，并据以进行预测和控制的分析方法。现象之间存在着大量的相互联系、相互依赖、相互制约的数量关系。这种关系可分为下述两种类型。

1. 函数关系

函数关系反映着现象之间严格的依存关系，也称确定性的依存关系。在这种关系中，对于变量的每一个数值，都有一个或几个确定的值与之对应。

2. 相关关系

在相关关系中，变量之间存在着不确定、不严格的依存关系，对于变量的某个数值，可以有另一变量的若干数值与之相对应，这若干个数值围绕着它们的平均数呈现出有规律的波动。例如，商品价格的升降与消费者需求的变化存在着这样的相关关系。

7.2.3　相关分析过程

（1）确定现象之间有无相关关系以及相关关系的类型，对不熟悉的现象则需收集变量之间大量的对应数据，用绘制相关图的方法做初步判断。从变量之间相互关系的方向看，变量之间有时存在着同增同减的同方向变动，是正相关关系；有时变量之间存在着一增一减的反方向变动，是负相关关系。从变量之间相关的表现形式来看，其分为直线关系和曲线相关。从相关关系涉及的变量的个数来看，其分为一元相关或简单相关关系和多元相关或复相关关系。

（2）判定现象之间相关关系的密切程度，通常是通过相关系数的值来判断其相关程度。相关分析应用需要注意的问题是相关分析要求相关两个变量都必须随机。

7.2.4　相关分析的分类

（1）线性相关分析。线性相关分析是指如果两个变量变化的方向一致，则称为正相关，如果两个变量变化的方向不一致，则称为负相关；否则为无线性相关。皮尔逊相关系数用于度量两个变量之间的线性相关程度，其取值范围为 $[-1,1]$。如果相关系数大于零，则表示一个变量增大时，另一个变量也随之呈现线性增大；如果线性系数小于零，则表示一个变量增大时，另一个变量也随之变小。如果皮尔逊相关系数为 0，则表示两个变量之间无相关关系。

我们可以利用皮尔逊相关系数快速找出类似于 $Y = aX + b$ 的线性关系。皮尔逊相关系数为

$$\sigma(X, Y) = \text{cov}(X, Y) / \sigma_X \sigma_Y$$

其中，$\text{cov}(X, Y)$ 是 X 和 Y 的协方差；σ_X、σ_Y 分别是 X、Y 的标准差。

协方差 $\text{cov}(X, Y)$ 的度量单位是 X 的协方差乘以 Y 的协方差，其取决于协方差的相关性是一个衡量线性独立的无量纲的数。

协方差为 0 的两个随机变量称为不相关。

皮尔逊相关系数可用于判断数据间的线性相关程度。$Y = X$ 与 $Y = 3X$ 均表示线性关系，所以皮尔逊相关系数为 1。在皮尔逊相关系数中，如果线性关系成立则为 1，否则为 0。

通过下列代码可以验证，在 R 语言中，可以利用协方差 $\mathrm{cov}(X, Y)$ 计算相关系数：

```
>cor(1:10,1:10)
[1]1
>cor(1:10,1:10*3)
[1]1
```

对于类似 $Y = X^3$ 的相互关系中，由于不是线性相互关系，所以相关系数的值小于 1。

```
>x=1:10
>y=x³
>cor(x,y)
[1]0.9283919
```

（2）偏相关分析。偏相关分析是指在控制一些对两变量之间的相关性可能有关的其他变量之后，再对两变量的线性相关性进行分析。

（3）距离分析。距离分析是指通过距离的大小对两变量之间相似程度进行测量，在这里所提及的距离是指变量之间的欧式距离，以及海明距离等。

7.3 回归分析

回归分析是在掌握大量观察数据的基础上，建立被观测数据变量之间的依赖关系，以分析数据内在规律，并可应用于预报与控制等问题。

7.3.1 回归分析的内容

回归分析是确定一个随机变量 Y 对另一个变量 X 或一组 $(X_1, X_2, \cdots, X_k)$ 变量的相依关系的统计分析方法。回归分析用于得到变量之间的关系，即变量是否相关联、相关的方向和相关的强度等，之后建立响应的数学模型，即利用数理统计方法建立变量与自变量之间的回归方程式，并对感兴趣的变量预测，找出能够代表所有观测数据的函数曲线，然后用此函数表示变量与自变量之间的关系。

（1）回归分析的步骤。

①确定自变量与因变量。

②根据自变量与因变量的历史统计数据进行计算，建立回归分析预测模型。

③获得自变量与因变量之间的某种因果关系。

④模型检验，预测误差，小误差表明模型可以得到比较好的预测结果。

⑤运用已确定的回归预测模型进行预测计算，再根据具体的实际数据，运用相关知识进

行全面分析，进而得到最终的预测值。

（2）回归分析类型。

①回归分析按照涉及的自变量是一个或多个，可分为一元回归分析和多元回归分析。

②回归分析按照自变量和因变量之间的关系类型，可分为线性回归分析和非线性回归分析。如果在回归分析中，只包括一个自变量和一个因变量，且两者的关系可用一条直线近似表示，则称为一元线性回归分析。如果回归分析中包括两个或两个以上的自变量，且因变量和自变量之间是线性关系，则称为多元线性回归分析。

③多重回归分析是指一个或多个随机变量 Y_1、Y_2、$\cdots$、Y_i 与另一些变量 X_1、X_2、$\cdots$、X_k 之间的统计关系的分析，通常称 Y_1、Y_2、$\cdots$、Y_i 为因变量，X_1、X_2、$\cdots$、X_k 为自变量。

（3）相关分析与回归分析的基本区别。

相关分析研究的是现象之间是否相关，以及相关的方向和密切程度，不区分是自变量或因变量。而回归分析则要分析现象之间相关的具体形式，并用数学模型来表现其具体因果关系。例如，从相关分析中可以得知产品质量和用户满意度密切相关，但是这两个变量哪个是自变量、哪个是因变量，以及影响程度如何，则要通过回归分析来确定。

7.3.2　回归模型

一元线性回归模型为 $Y = a + bX + \varepsilon$，这里 X 是自变量，Y 是因变量，ε 是残差，通常假定残差的均值为 0，方差为 σ^2（σ^2 大于 0），σ^2 与 X 的值无关。如果假设残差遵从正态分布，就叫作正态线性模型。一般的情形，它有 k 个自变量和一个因变量，因变量的值可以分解为两部分：一部分是由于自变量的影响，即表示为自变量的函数，其中函数形式已知，但含一些未知参数；另一部分是由于其他未被考虑的因素和随机性的影响，即残差。当函数形式为未知参数的线性函数时，称为线性回归分析模型；当函数形式为未知参数的非线性函数时，称为非线性回归分析模型。当自变量的个数大于 1 时称为多元回归，当因变量的个数大于 1 时称为多重回归。

回归分析的过程如下。

（1）从一组数据出发，确定某些变量之间的定量关系式，即建立数学模型并估计其中的未知参数。估计参数的常用方法是最小二乘法。

（2）对这些关系式的可信程度进行检验。

（3）如果多个自变量影响了一个因变量，判断影响显著的自变量集、影响不显著的自变量集，将影响显著的自变量集加入模型中，而消除影响不显著的自变量集，通常用逐步回归、向前回归和向后回归等方法。

（4）利用所求的关系式对某一过程进行预测或控制。

7.4　判别分析

当要确定一个新的样品是属于已知类型中哪一类的问题就属于判别分析问题。判别分析是分类方式事先确定，根据若干变量值判断对象归属问题的一种多变量统计分析方法。其基本原理是根据一定的判别准则来建立一个或多个判别函数，利用研究对象的大量数据来确定判别函数中的待定系数，并计算判别指标，据此即可确定某一样本属于何类。

判别分析是一种统计判别的分组技术，根据一定数量样本的一个分组变量和相应的其他多元变量的已知信息进行判别分组。例如，已知某种事物有几种类型，现在从各种类型中各取一个样本，由这些样本设计出一套标准，使得从这种事物中任取一个样本，可以按这套标准判别它的类型。

判别分析的任务是根据已掌握的一批分类明确的样品，建立较好的判别函数，使产生错判的事例最少，进而对给定的一个新样品，判断它来自哪个总体。

7.4.1　判别分析的基本思想

（1）根据判别中的组数，判别分析可以分为两组判别法和多组判别法。

（2）根据判别函数的形式，判别分析可以分为线性判别法和非线性判别法。

（3）根据判别式处理变量的方法不同，判别分析可以分为逐步判别法和序贯判别法。

（4）根据判别标准不同，判别分析可以分为距离判别法、费歇判别法、贝叶斯判别法。

7.4.2　判别函数的类型

判别函数主要划分为两种类型，即线性判别函数和典则判别函数。

（1）线性判别函数。对于某一个总体，如果各组样品互相独立，且服从多元正态分布，就可建立线性判别函数，可以是以下四种基本形式。

①判别组数。

②判别指标（又称判别分数或判别值），根据所用的方法不同，可能是概率，也可能是坐标值或分值。

③自变量或预测变量，即反映研究对象特征的变量。

④各变量系数，也称判别系数。

建立函数必须使用一个训练样品。训练样品就是已知实际分类且通过各指标的观察值已测得的样品，它对建立判别函数非常重要。

（2）典则判别函数。典则判别函数是原始自变量的线性组合，通过建立少量的典则变量可以比较方便地描述各类型之间的关系，例如，可以用散点图和平面区域图直观地表示各类型之间的相对关系等。

7.4.3　建立判别函数的方法

建立判别函数的方法一般有四种：全模型法、向前选择法、向后选择法和逐步选择法。

（1）全模型法是指将用户指定的全部变量作为判别函数的自变量，而不管该变量是否对研究对象显著或对判别函数的贡献大小。此方法适用于对研究对象的各变量有全面认识的情况。如果未加选择而使用全变量进行分析，则可能产生较大的偏差。

（2）向前选择法是从判别模型中没有变量开始，每一步把一个对判别模型的判断能力贡献最大的变量引入模型，直到没有被引入模型的变量都不符合进入模型的条件时，变量引入过程结束。当希望较多变量留在判别函数中时，可使用向前选择法。

（3）向后选择法与向前选择法完全相反，它是把用户所有指定的变量建立一个全模型，每一步把一个对判别模型的判断能力贡献最小的变量剔除出模型，直到模型中所用变量都不符合留在模型中的条件时，剔除工作结束。在希望较少的变量留在判别函数中时，可使用向后选择法。

（4）逐步选择法是一种选择最能反映类别之间差异的变量子集，建立判别函数的方法。它是从模型中没有任何变量开始，每一步都对模型进行检验，将模型外对模型的判别贡献最大的变量加入模型中，同时也检查在模型中是否存在由于新变量的引入而对判别贡献变得不太显著的变量，如果有，则将其从模型中删除，以此类推，直到模型中的所有变量都符合引入模型的条件，而模型外所有变量都不符合引入模型的条件为止，则整个过程结束。

7.4.4　判别方法

判别方法是确定待判样品归属于哪一组的方法，可分为参数法和非参数法，也可以根据资料的性质分为定性资料的判别分析和定量资料的判别分析。以下给出的分类主要是根据采用的判别准则而划分出的几种常用方法。除最大似然法外，其余几种方法均适用于连续性变量。

（1）最大似然法。最大似然法用于自变量均为分类变量的情况，该方法建立在独立事件概率乘法定理的基础上，根据训练样品信息求得自变量各种组合情况下样品被封为任何一类的概率。当新样品进入，则计算它被分到每一类中的条件概率（似然值），概率最大的那一类就是最终评定的归类。

（2）距离判别法。距离判别法的基本思想是由训练样品得出每个分类的重心坐标，然后对新样品求出它们离各个类别重心的距离远近，从而归入离得最近的类。其最常用的距离是马氏距离，偶尔也采用欧式距离。距离判别法的特点是直观、简单，适合于在自变量均为连续变量的情况下进行分类，且它对变量的分布类型无严格要求，特别是并不严格要求总体协方差阵相等。

（3）费歇判别法。费歇判别法是根据线性费歇函数值进行判别，适用于各组变量的均值有显著性差异的情况。费歇判别法的基本方法是将原来在 R 维空间的自变量组合投影到维度较低的 D 维空间去，然后在 D 维空间中进行分类。投影的原则是使得同一类的差异尽可能小，而不同类间的离差尽可能大。图 7-1 所示的是费歇判别法的示意，其优势在于对分布、方差等都没有任何限制，非常方便，应用广泛。

（4）贝叶斯判别法。许多时候用户对各类别的比例分布情况有一定的先验信息，如客户对投递广告的反应绝大多数都是无回音，如果进行判别，自然也应当是无回音的居多。此

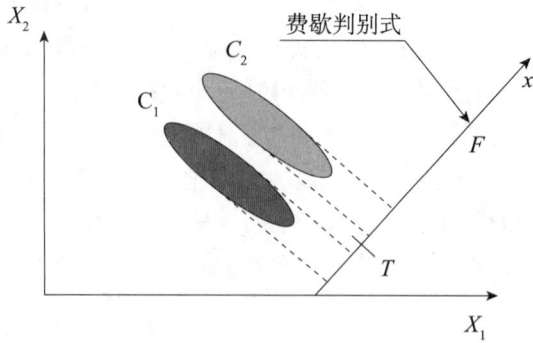

图 7 – 1　费歇判别法的示意

时，贝叶斯判别法恰好适用。贝叶斯判别法就是根据总体的先验概率，使误判的平均损失达到最小二乘法进行的判别。其最大优势是可以用于多组判别问题，但是适用此方法必须满足三个假设条件，即各种变量必须服从多元正态分布，各组协方差矩阵必须相等，各组变量均值均有显著性差异。

对于判别分析，用户往往很关心建立的判别函数用于判别分析时的准确度如何。通常的效果验证方法有自身验证法、外部数据验证法、样品二分法、交互验证法等。

判别分析在气候分类、农业区划、土地类型划分中有着广泛的应用。在市场调研中，一般根据事先确定的因变量（如产品的主要用户、普通用户和非用户，自有房屋或租赁，电视观众和非电视观众）找出相应处理的区别特性。在判别分析中，因变量为类别数据，有多少类别就有多少类别处理组；自变量通常为可度量数据。通过判别分析，可以建立能够最大限度地区分因变量类别的函数，考察自变量的组间差异是否显著，判断哪些自变量对组间差异贡献最大，评估分类的程度，根据自变量的值将样本归类，其主要应用范围为信息丢失、无法获取直接信息、预报、破坏性实验等。

7.5　分类

分类是一个经典的科学问题，现已积累了大量有效的分类方法。

7.5.1　分类概念

给定一个数据集 $D = \{t_1, t_2, \cdots, t_n\}$ 和一组类 $C = \{C_1, \cdots, C_m\}$，分类是确定一个映射 $f: D \rightarrow C$，每个数据 t_i 被分配到一个类中。一个类 C_j 包含映射到该类中的所有数据，即 $C_j = \{t_i | f(t_i) = C_j, 1 \leq i \leq n,$ 而且 $t_i \in D\}$。

数据分类的基本步骤如下。

1. 建立模型

模型建立的过程也就是向样本数据学习的过程。随机地从样本集中抽取样本，对于小样本技术，越随机则学习效果越好。每个学习样本还有一个特定的类标号，提供了每个学习样本属于何类，这种学习方法称为有指导的学习。它不同于无指导的聚类学习，聚类的每个学习样本的类标号是未知的，要学习的类集合或数量也可能事先不知道。

2. 使用模型进行分类

使用模型进行分类的过程是对类标号未知的数据进行分类的过程，其需要评估模型预测准确率，随机选取测试样本，并独立于学习样本。模型在给定测试集上的模型准确率是被模型分类的正确测试样本所占的百分比。

7.5.2　分类算法

基于距离的分类算法简单直观。假定数据集中的每个数据 t_i 为数值向量，每个类用一个典型数值向量来表示，则能通过分配每个数据到它最相似的类来实现分类。

给定一个数据集 $D = \{t_1, t_2, \cdots, t_n\}$ 和一组类 $C = \{C_1, \cdots, C_m\}$。假定每个数据包括一些数值型的属性值：$t_i = \{t_{i1}, t_{i2}, \cdots, t_{ik}\}$，每个类也包含数值性属性值：$C_j = \{C_{j1}, \cdots, C_{jk}\}$，则分类问题是要分配每个 t_i 到满足如下条件的类 C_j：

$$\text{sim}(t_i, C_j) \geqslant \text{sim}(t_i, C_l),\ \forall C_l \in C,\ C_l \neq C_j,$$

其中 $\text{sim}(t_i, C_j)$ 被称为相似性，其在实际的计算中利用距离来表征，距离越近，相似性越大，距离越远，相似性越小。

为了计算相似性，需要先得到表示每个类的向量。计算方法有多种，如代表每个类的向量可以通过计算每个类的中心来表示。另外在模式识别中，一个预先定义的图像被用于代表每个类，分类就是把待分类的样例与预先定义的图像进行比较。

假定每个类 C_i 用类中心来表示，每个数据必须和各个类的中心来比较，从而可以找出最近的类中心，得到确定的类别标记。

输入每个类的中心 $C_1, C_2, \cdots, C_m$ 和待分类的数据 t，输出类别 c，基于距离的分类算法如下。

S1　dist $= \infty$;//距离初始化
S2　FOR $i = 1$ to m DO
S3　IF dist$(c_i, t) <$ dist THEN BEGIN
S4　$c = i$;
S5　dist $=$ dist(c_i, t);
S6　END
S7　flagt with c

7.6　聚类

聚类就是自动将数据对象分成多个类或簇，划分的原则是在同一个簇中的数据对象具有较高的相似度，而不同簇中的数据对象相似度差别较大。聚类与分类不同的是，聚类操作中要划分的类事先未知，类的形成完全是由数据驱动，属于一种无指导的学习方法。

聚类分析技术要求算法具有可伸缩性、处理不同类型属性的能力、发现任意形状的类、处理高维数据的能力等。根据潜在的各种应用，数据挖掘对聚类分析方法提出了不同要求。

7.6.1 聚类概念

聚类分析的输入可以用一组有序对 (X,s) 或 (X,d) 表示，X 表示一组样本，s 和 d 分别是度量样本间相似度或相异度的标准。聚类系统的输出是一个分区，如果 $C = \{C_1, C_2, \cdots, C_k\}$，其中 $C_i(i=1,2,\cdots,K)$ 是 X 的子集，满足下述条件

$$C_1 \cup C_2 \cup, \cdots, \cup C_k = X$$
$$C_i \cap C_j = \emptyset, i \neq j$$

C 中的成员 $C_1, C_2, \cdots, C_k$ 称为类，使用中心表示一个类是最常见的方式，当类是紧密的或各向同性时很适合用这种方法。

7.6.2 聚类算法

1. 聚类算法的主要类型

（1）基于聚类标准的聚类方法。

①统计聚类方法。统计聚类方法基于对象之间的几何距离分类，其包括系统聚类法、分解法、加入法、动态聚类法、有序样品聚类、有重叠聚类和模糊聚类等。这种聚类方法是一种基于全局比较的聚类，它需要考察所有的个体才能决定类的划分。因此，它要求所有的数据必须预先给定，而不能动态增加新的数据对象。

②概念聚类方法。概念聚类方法基于对象的概念进行聚类，其距离不再是传统方法中的几何距离，而是根据概念的描述来确定。

（2）基于聚类数据类型的聚类方法。

①数值型数据聚类方法。数值型数据聚类方法所分析的数据的属性为数值数据，因此可对所处理的数据直接比较大小，大多数的聚类算法都是基于数值型数据的。

②离散型数据聚类方法。对于数据挖掘的内容含有非数值的离散数据，研究者提出了基于此类数据的聚类算法。

③混合型数据聚类方法。混合型数据聚类方法是能同时处理数值数据和离散数据的聚类方法，这类聚类方法功能强大。

（3）基于聚类尺度的聚类方法。

①基于距离的聚类算法。距离是聚类分析常用的分类统计量，常用的距离定义有欧氏距离和马氏距离。算法通常需要给定聚类数目 k，或区分两个类的最小距离。基于距离的算法聚类标准易于确定，容易理解，对数据维度具有伸缩性，但只适用于欧几里得空间和曼哈坦空间，其对孤立点敏感，只能发现类圆形类，倾向于分拆大的类。

②基于密度的聚类算法。从广义上说，基于密度和基于网格的算法都可归于基于密度的聚类算法。此类算法通常需要规定最小密度门限值，其同样适用于欧几里得空间和曼哈坦空间，其对噪声数据不敏感。

③基于互连性的聚类算法。基于互连性的聚类算法基于图或超图模型，其通常将数据集映像为图或超图，在满足连接条件的数据对象之间画一条边，将高度连通的数据聚为一类。此类算法可适用于任意形状的度量空间，但聚类的质量取决于链或边的定义，不适合处理太大的数据集。当数据量大时，忽略权重小的边，使图变稀疏，以提高效率，但会影响聚类质量。

（4）基于分析算法的聚类方法。

①划分法。给定一个 n 个对象或者元组的数据库，构建数据的 k 个划分，每个划分表示一个簇，并且 $k \leq n$。也就是说，它将数据划分为 k 个组，同时满足如下的要求：每个组至少包含一个对象；每个对象必须属于且只属于一个组。

②层次法。层次法对给定数据对象集合进行层次的分解，根据层次分解的形成方式，层次法又可以分为凝聚法和分裂法。分裂法也称为自顶向下的方法，一开始将所有的对象置于一个簇中，在迭代的每一步中，一个簇被分裂成更小的簇，直到每个对象在一个单独的簇中，或者达到一个终止条件。

③密度法。密度法与其他方法的一个根本区别是：它不是用各式各样的距离作为分类统计量，而是看数据对象是否属于相连的密度域。同属相连密度域的数据对象归为一类。

④网格法。网格法将数据空间划分为几个优先的网格单元，所有的处理都是以单个单元为对象的。其优点是处理速度快，通常与目标数据库中记录的个数无关，只与把数据空间分为多少个单元有关，但处理方法较粗糙，影响聚类质量。

⑤模型法。模型法即给每一个簇设定一个模型，然后寻找满足这个模型的数据集。这个模型是数据点在空间中的密度分布函数，假定目标数据集由一系列的概率分布所决定。其通常有两种方案：统计的方案和神经网络的方案。

2. 距离与相似性的度量

聚类分析过程的质量取决于对度量标准的选择，为了度量对象之间的接近或相似程度，需要定义一些相似性度量标准。用 $s(x,y)$ 表示样本 x 和样本 y 的相似度，当 x 和 y 相似时，$s(x,y)$ 的取值大，当 x 和 y 不相似时，$s(x,y)$ 的取值小。相似度的度量具有自反性，即 $s(x,y)=s(y,x)$。对于大多数聚类方法，相似性度量标准被标准化为 $0 \leq s(x,y) \leq 1$。

在通常情况下，聚类算法不计算两个样本间的相似度，而是用特征空间中的距离作为度量标准来计算两个样本间的相异度。对于某个样本空间来说，距离的度量标准可以是度量的或半度量的，以便用来量化样本的相异度。相异度的度量用 $d(x,y)$ 来表示，通常称相异度为距离。当 x 和 y 相似时，距离 $d(x,y)$ 的值很小，当 x 和 y 不相似时，距离 $d(x,y)$ 的值就很大。

（1）距离函数。常用的距离函数有如下几种。

①明可夫斯基距离。

②二次型距离。

③余弦距离。

④二元特征样本的距离度量。

（2）类间距离。

①最短距离法。定义两个类中最靠近的两个元素间的距离为类间距离。

②最长距离法。定义两个类中最远的两个元素间的距离为类间距离。

③中心法。定义两个类的两个中心间的距离为类间距离。中心法涉及类的中心的概念，首先定义类中心，然后给出类间距离。

3. k-means 算法

k-means 算法又称为 k – 均值算法，是广泛应用的一种聚类算法。该算法以 k 为参数，把 n 个对象分为 k 个簇，以使簇内具有较高的相似度，而簇间的相似度较低。相似度的计算根据一个簇中对象的平均值来进行。

k-means 算法的运算过程是：首先随机地选择 k 个对象，每个对象初始代表了一个簇的平均值或中心。对剩余的每个对象根据其与各个簇中心的距离，将它赋给最近的簇，然后重新计算每个簇的平均值。这个过程不断重复，直到准则函数 E 收敛，即使生成的结果簇尽可能地紧凑和独立。其准则为

$$E = \sum_{i=1}^{k} \sum_{x \in C_i} \left| x - \overline{x_i} \right|^2$$

式中：E ——数据库所有对象的平方误差的总和；

x ——空间中的点，表示给定的数据对象；

$\overline{x_i}$ ——簇 C_i 的平均值。

输入簇的数目 k 和包含 n 个对象的数据库，输出 k 个簇，使平方误差准则最小，k-means 算法如下。

S1　任意选择 k 个对象作为初始的簇中心

S2　重复

S3　FOR $j = 1$ to n DO assign each x_j to the cluster which has the close stmean；

　　／＊根据簇中对象的平均值，将每个对象赋给最类似的簇 ＊／

S4　FOR $i = 1$ to k DO $\overline{x_i} = \left| C_i \right| \sum_{x \in C_i} x$；

　　／＊更新簇的平均值，即计算每个对象簇中对象的平均值 ＊／

S5　计算准则函数 $E = \sum_{i=1}^{k} \sum_{x \in C_i} \left| x - \overline{x_i} \right|^2$

S6　直到不再明显地发生变化为止

4. 算法的特点

算法的优点如下。

①k-means 算法是解决聚类问题的一种经典算法，其特点是简单、快速。

②对处理大数据集，该算法相对可伸缩和高效率，这个算法经常以局部最优结束。

③算法试图找出使平方误差函数值最小的 k 个划分。当结果簇密集，而簇与簇之间区别明显时效果好。

算法的缺点如下。

①k-means 算法只在簇的平均值被定义的情况下才能使用，这不适用于涉及有分类属性的数据。

②算法要求用户必须事先给出 k（要生成的簇的数目），这是该方法的一个缺点。而且该算法对初值敏感，对于不同的初始值的计算将导致不同的聚类结果。

③k-means 算法不适合于发现非凸面形状的簇或者大小差别很大的簇，而且它对于噪声和孤立点数据敏感，会因为少量的该类数据能够对平均值产生极大影响。

本章小结

本章介绍了在数据分析中常用的统计分析方法，还介绍了数据挖掘的方法，主要包括分类、聚类方法的挖掘等。

习　题

一、选择题

1. 数据挖掘主要注重解决分类、聚类、关联和定量定性（　　）等问题，其重点是寻找未知的模式与规律。

　　A. 预测　　　　　　B. 检测　　　　　　C. 研究　　　　　　D. 学习

2. 建立挖掘模型、选取或改进挖掘模型都需要验证，最常用的验证方法是（　　）。

　　A. 样本学习　　　　B. 统计分析　　　　C. 逻辑推理　　　　D. 数学期望

3. 在样本数据较（　　）的情况下，随机性越（　　），效果越好。

　　A. 大　　　　　　　B. 小　　　　　　　C. 高　　　　　　　D. 低

4. 数据挖掘是从数据集（可能是不完全的、有噪声的、不确定性的、各种存储形式的）中挖掘出隐含在其中的、人们事先不知的、对决策有用的（　　）的过程。

　　A. 语义网　　　　　B. 产生式　　　　　C. 知识与信息　　　D. 规则

5. 从分析的结果来看，大数据分析主要分为（　　）、（　　）；从分析的方式来看，大数据分析主要分为离线数据分析、（　　）和（　　）。

　　A. 探索性数据分析　　　　　　　　　B. 在线数据分析

　　C. 交互式分析　　　　　　　　　　　D. 定性数据分析

6. 均值就是（　　），将一组数据中出现次数最多的数值叫（　　），（　　）是指从小到大排列或从大到小排列的一组数据中，处在中间位置上的一个数据，一组 n 个观测值按数值大小排列，处于 $p\%$ 位置的值称第 p（　　）。

　　A. 百分位数　　B. 众数　　　　　C. 平均数　　　　D. 中位数

7. （　　）是样本相对于均值的偏差平方和的平均，（　　）是绝对指标，其值大小不仅取决于样本数据的分散程度，（　　）是标准差与均值的比值。（　　）是指一组测量值内最大值与最小值之差，又称范围误差或全距。

A. 极差　　　　　　　B. 变异系数　　　　　C. 标准差　　　　　　D. 样本方差

二、判断题

1. 数据分析是从一个假设出发，需要自行选择方程或模型来与假设匹配，而数据挖掘不需要假设，可以自动建立模型。（　　）

2. 探索性数据分析是从某种假设出发，去探索其内在的数据规律性。（　　）

3. 离线数据分析是指将待分析的数据先存储于硬盘中，然后进行数据分析，离线数据分析用于较复杂和耗时的数据分析和批处理。（　　）

4. 回归分析是研究现象之间是否存在某种依存关系，并对有依存关系的现象，探讨其相关方向以及相关程度。（　　）

5. 相关分析是一种统计判别的分组技术，根据就一定数量样本的一个分组变量和相应的其他多元变量的已知信息进行判别分组。（　　）

6. 数据挖掘主要注重解决分类、聚类、关联和定量定性预测等问题，其重点不是寻找未知的模式与规律。（　　）

7. 分类就是自动将数据对象分成多个类或簇，划分的原则是在同一个簇中的数据对象具有较高的相似度，而不同簇中的数据对象相似度差别较大。（　　）

8. 在通常情况下，聚类算法不是计算两个样本间的相似度，而是用特征空间中的距离作为度量标准来计算两个样本间的相异度。（　　）

第8章　大数据分析结果的解释与可视化展现

知识结构图

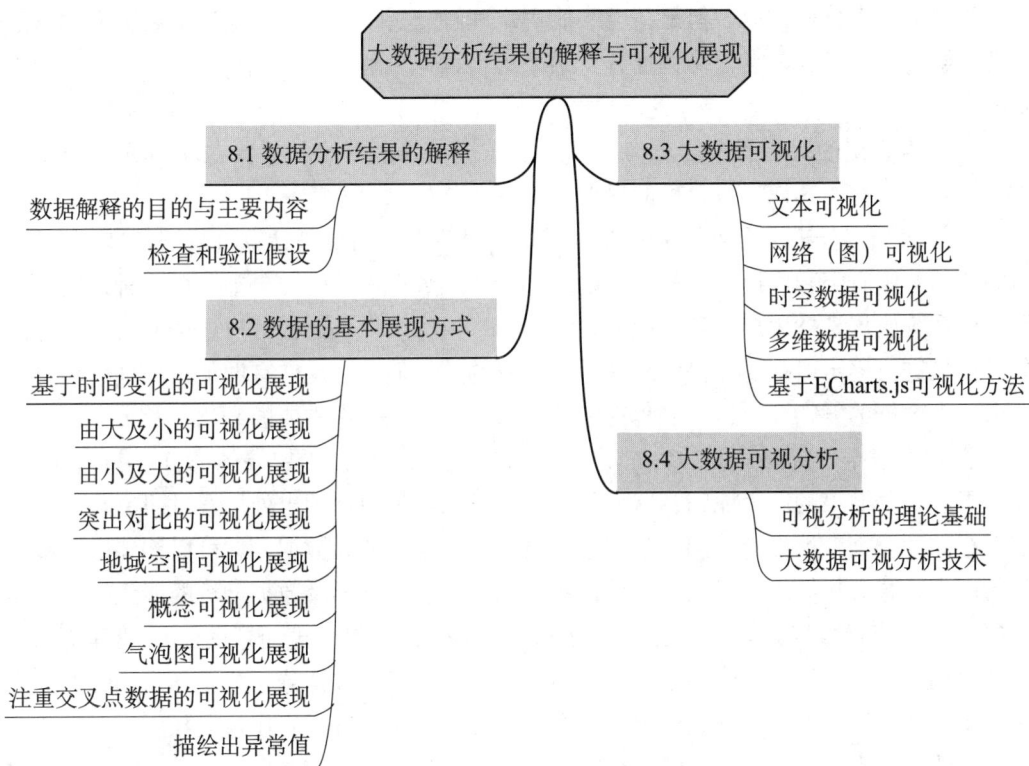

学习目标

- 掌握：文本可视化、基于 ECharts. js 可视化方法。
- 理解：可视化展现的基本方式、大数据可视分析、数据分析结果的解释。
- 了解：网络（图）可视化、时空数据可视化、多维数据可视化。

在大数据技术中的最后一个步骤就是大数据分析结果的解释，这一步骤主要包括检查所有提出的假设，追踪分析过程和结果可视化展示，达到使用户理解和信服分析的目的。许多科学结论就是令人信服的解释，它们是科学家长期观察、调查、实验、分析、思考并不断完善的结果，但在大数据技术中，获得的结果是大数据分析与挖掘的结果，需要进一步解释，进而使用户理解。

8.1 数据分析结果的解释

直观地理解数据分析结果，能够更好地理解和获得大数据中的价值。

8.1.1 数据解释的目的与主要内容

如果仅有能力分析数据，但是却无法使用户理解分析结果，这样也达不到获取信息的价值，为了解决这个问题，需要对数据分析结果进行解释。解释不能凭空出现，主要源于下述主要内容。

（1）检查提出的所有假设的正确性，为了作出正确的解释，需要在获得充分证据的基础之上，利用已有的知识进行合理的思考。

（2）在大数据分析中有可能引入许多误差，误差来源主要是计算机系统可能存在缺陷、模型的适用范围有限和假设不够充分，以及基于错误数据得到的结果等。在这种情况下，大数据分析系统应该支持用户了解、验证、分析所产生的结果。数据分析过程分为多步，需要对分析过程进行逐步追踪，即提供每一关键步骤的结果显示，这样有助于用户理解获得的结论。由于大数据的复杂性，这一过程特别具有挑战性，是一项重要的研究内容。

（3）在大数据分析场景下，系统不仅应向用户提供分析结果，还应支持用户不断提供附加结果、解释结果的产生原因，这种附加结果可以称为数据的出处。通过研究如何最好地捕获、存储和查询数据出处，同时利用相关技术捕获足够的元数据，就可以构建一个基础平台，为用户解释分析结果，提高重复分析不同的假设、参数以及数据分析的能力。

（4）具有丰富可视化能力的系统可为用户展示分析结果，进而帮助用户理解特定领域问题。早期的商业智能系统主要基于表格形式展示数据，大数据分析师需要采用强大的可视化技术来包装和展示结果，辅助用户理解系统，并支持用户进行协作与交互。

（5）在可视化环境下，通过简单的单击操作，用户应该能够向下钻取到每一块数据，看到和了解数据的出处，这是理解数据的一个关键功能。也就是说，用户不仅需要看到结果，而且需要了解产生这样结果的原因。然而考虑到整个分析过程的流程结构，获得数据的原始出处对于用户要求的技术性过强。基于上述问题，需要研究新的人机交互方式，支持用户对数据分析过程、某些参数进行简单的调整等，并立刻查看调整后的增量化结果。可以看出，通过这种闭环调节的方法，用户不仅能够直观了解分析结果，更好地理解大数据背后的价值，而且提高了大数据分析的效果。

8.1.2 检查和验证假设

1. 假设

假设分为两种，一种是原假设，另一种是备选假设。检查和验证假设一般有两种可能结果，一种是否定原假设，另一种是接受原假设。

2. 检验假设

检验假设是数理统计学中根据一定假设条件由样本推断总体的一种方法，先对总体的特征进行某种假设，然后通过抽样研究的统计推理，决定拒绝这个假设还是接受这个假设。检验假设的方法如下。

（1）根据问题的需要对所研究的总体作某种假设 H。

（2）选取合适的统计量，这个统计量的选取要使得在假设 H 成立时，其分布为已知。

（3）由实测的样本计算出统计量的值。

（4）根据预先给定的显著性水平进行检验，作出拒绝或接受假设 H 的判断。

例如，检验假设的基本方法是小概率反证法。小概率方法是指小概率事件（$P < 0.01$ 或 $P < 0.05$）在一次试验中基本上不会发生。反证法的思想是先提出假设（检验假设 H），再用适当的统计方法确定假设成立的可能性大小，如果可能性小，则认为假设 H 不成立，如果可能性大，则还不能认为假设 H 不成立。

利用从总体中抽出的样本进行检验来判定假设是否正确。设 A 是关于总体分布的一项命题，所有使命题 A 成立的总体分布构成一个集合 h_0，称为原假设（简称为假设）。使命题 A 不成立的所有总体分布构成另一个集合 h_1，称为备选假设。如果 h_0 可以通过有限个实参数来描述，则称为参数假设，否则称为非参数假设。如果 h_0（或 h_1）只包含一个分布，则称原假设（或备选假设）为简单假设，否则为复合假设。对一个假设 h_0 进行检验，需要制定一个规则，使得有了样本以后，根据这个规则可以决定是接受它（承认命题 A 正确）还是拒绝它（否认命题 A 正确）。将所有可能的样本所组成的空间（称样本空间）被划分为两部分 H_A 和 H_R（H_R 是 H_A 的补集），当样本 $x \in H_A$ 时，接受 h_0；当 $x \in H_R$ 时，拒绝 h_0。集合 H_R 常称为检验的拒绝域，H_A 称为接受域。因此选定一个检验法，也就是选定一个拒绝域，所以经常将检验法本身与拒绝域 H_R 等同起来。

8.2　数据的基本展现方式

一幅图画最伟大的价值莫过于它能够使我们实际看到的比期望看到的内容丰富得多。可视化是利用计算机图形学和图像处理技术，将数据转换成图形或图像在屏幕上显示出来，并利用数据分析和开发工具发现其中未知信息的交互处理的理论、方法和技术。图形化手段能够清晰而有效地传达与沟通，它涉及计算机图形学、图像处理、计算机视觉、计算机辅助设计等多个领域，成为研究数据表示、数据处理、决策分析等一系列问题的综合技术。虚拟现实技术也是以图形图像的可视化技术为依托的。可视化又称为可视思考或视觉化思考，是将声音转化为可视的图或文字，简化了复杂性，增强了研讨过程中的思考。可视化可以改善理解、对话、探索和交流。

可视化可以使用计算机支持的、交互的方式来表示抽象数据，以增强用户的认知能力，其侧重于通过可视化图形展现数据中隐含的信息和规律，建立符合人的认知规律的心理映像。可视化已经成为分析复杂问题的有力工具。交互性、多维性和可视性是大数据可视化的主要特点。

人机交互是指人与系统之间通过某种对话语言，在一定的交互方式和技术支持下的信息交换过程。其中的系统可以是各类机器，也可以是计算机和软件。用户界面或人机界面是指人机交互所使用的介质和对话接口，包括硬件和软件。

我们可以使用数据从不同的视角描述各种类型的事物，致使数据展现不仅是描述简单直白的分析结果，而且能够使数据成为一个思想启动器，进而提高数据的价值与用处。我们常用气泡图、流程图、树、标签云、平行坐标、时间轴、散点图、折线图、堆栈图、雷达图、热力图、图表、时间序列、地图、流、矩阵、网、层、绘图等基本可视化元素来表现数据的分析结果，在传统的数据展现方式上，通常使用下述基本形式。

8.2.1　基于时间变化的可视化展现

由于数据随着时间而变化，可以将数据变化可视化，然后解释导致数据变化的原因。例如，使用基于时间变化的描述方式可以将某公司过去 100 余年的发展历史过程可视化。使用者可以通过点击看到每十年数据是如何发生变化的，并将基于过去的趋势来可视化地预测未来情况。

8.2.2　由大及小的可视化展现

由大及小的可视化展现方式是：先给出一个整体的画面，可以引导阅读者具体深入到一个聚焦的点。以展现某一旅游景区为例来说明这种展现方式，首先给读者一张景区地图的整体画面，然后读者可以放大任意一个景点，那么就可以看到这个景点中的详细情况。甚至再放大一些，读者就能了解更详细的情况。

利用由大及小的数据展现方法，可以展示出世界范围内疫苗预防疾病的数据，读者可以通过选择国家、疾病或者年份深入阅读，甚至可能被引导看到一些其他相关的链接，例如，比较哪些国家的某种疾病预防得更好，并且列出其原因。

8.2.3　由小及大的可视化展现

可以逆推，将由大及小改为由小及大展现，由小及大的数据可视化展现是由小视角扩展到大视角。例如，用户首先关注的是某街道，从这里开始，由小及大来展示某个区，然后扩大到展示全市。又如可以通过邮政编码进入其当地的视图，接着通过交互选择获得一个全省的视图，以及最后获得一个有着全国视图的地图。

8.2.4　突出对比的可视化展现

在数据比较的可视化展现中，可以对数据集中突出的不同方面给出一个有力的叙述与说明。例如，两个曲线的比较，可以放大某一横坐标点上的纵坐标值，造成这个图表的一端的各横坐标点的纵坐标的放大差距不同，进而达到突出对比的目的。

1. 比例选择

对同一类图形（如柱状、圆环和蜘蛛图等）的长度、高度或面积加以区别，可以清晰地表示不同指标之间所对应的指标值的比较，使浏览者对数据及其之间的对比一目了然。制作这类数据可视化图形时，需要使用数学公式计算来表达准确的尺度和比例。

例如，店铺半年内动态评分模块右侧的条状图按精确的比例清晰地表达了不同评分用户的占比。如通过图 8 - 1 所示的蜘蛛图（又称雷达图）可视化展示了该公司综合实力与同行业平均水平的对比。

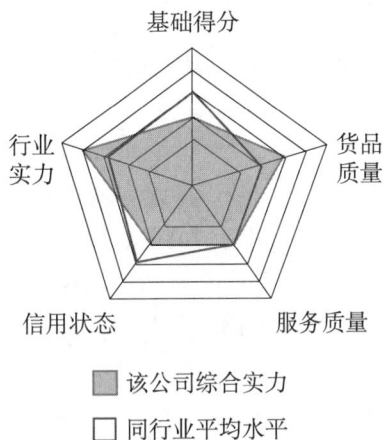

图 8 - 1　蜘蛛图

2. 颜色的使用

通过颜色的深浅来表达指标值的强弱和大小是数据可视化设计的常用方法，用户一眼便可看出哪一部分指标的数据更突出。例如，通过眼球热力图观察颜色的差异，可以直观地看到用户的关注点。由于本书仅有黑白层次，所以不列举具体彩色图形。

3. 图形形状

在设计指标与数据时，使用有对应实际含义的图形结合呈现，将使数据图表更加生动，更便于用户理解图表要表达的主题。如过去某一年 iOS 平板分布如图 8 - 2 所示。

当展示使用不同类型的手机和平板用户占比时，直接用总的苹果图形为背景来划分用户比例，让用户第一眼就可以直观地看到这些图是在描述苹果设备的。

8.2.5　地域空间可视化展现

当指标数据要表达的主题与地域有关联时，一般选择用地图为大背景，这样用户可以直观地了解整体的数据情况，同时也可以根据地理位置快速地定位到某一地区来查看详细数据。地图就是依据一定的数学法则，使用地图语言、颜色、文字注记等，通过制图综合在一定的载体上，表达地球（或其他天体）上各种事物的空间分布、组合、联系、数量和质量

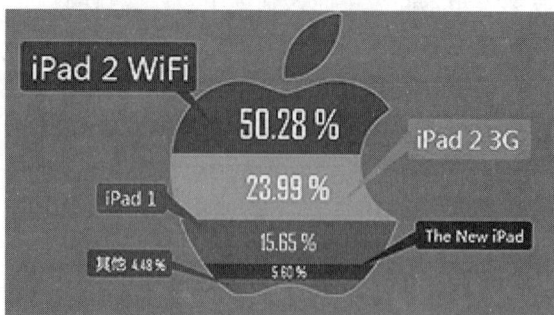

图 8 - 2　iOS 平板分布

特征及在时间中的发展变化状态绘制的图形，其科学地反映出自然和社会经济现象的分布特征及其相互关系。

1. 构成要素

地图的构成要素主要包括图形要素、数学要素和辅助要素等。

（1）图形要素。图形要素是地图根据制图的要求所表达的内容，包括注记、地学基础。

（2）数学要素。数学要素用来确定地学要素的空间相关位置，是地图内容骨架的要素。

（3）辅助要素。辅助要素说明地图编制状况及为方便地图应用所必须提供的内容。

2. 特征

（1）由使用地图语言表示事物所产生的直观性。地图上所表示的各种复杂的自然和人文事物都是通过地图语言来实现的，地图语言包括地图符号和地图注记两部分。

（2）地图必须遵循一定的数学法则，准确地反映它与客观实体在位置、属性等要素之间的关系。

（3）地图必须经过科学概括，缩小了的地图不可能容纳地面所有的现象。

（4）地图具有完整的符号系统，其表现的客体主要是地球。地球上具有数量极其庞大的自然与社会经济现象的地理信息，只有透过完整的符号系统，才能准确地表达这种现象。

（5）地图是地理信息的载体，其容纳和储存了巨大数量的信息，而作为信息的载体，可以是传统概念上的纸质地图、实体模型，可以是各种可视化屏幕影像、声像地图，也可以是触觉地图。

3. 功能

（1）认识功能。地域空间可视化展现可以确立地理信息明确的空间位置，获得物体所具有的定性及定量特征，建立地物与地物或现象与现象间的空间关系，易于建立正确的空间图像。

（2）模拟功能。概念模型是对实体的一种概括与抽象，它可分为形象模型与符号模型。形象模型是运用思维能力对客观存在进行的简化与概括，符号模型是运用符号和图形对客观存在进行简化和抽象的过程。而地图是一种形象符号模型，作为一种时空模型，地图在科学预测中发挥着重要作用，如气象预报、灾害性要素的变迁及过程预测。

（3）载负功能。从地图上可以传达两种信息类型。一种是直接信息：地图上表示的地理信息，如道路、河流网、居民点等用图形符号直接表示。另一种是间接信息：经过分析解译而获得有关现象或物体规律的信息。

（4）传递功能。地图也是空间信息良好的传递工具，地图的另一个重要特征是具有可传递性。地图传递信息时，在传输方式上具有层次性，其是平行的，甚至是空间形式的，它比线性传递方式具有更宽的传输通道以及更高的传输效率。

4. 适用场景

地域空间可视化展现适用于展示事物的空间分布状态、其相互之间的联系以及其数量和质量特征，使用地图能够很直观地让使用者获得某个地区中所需要素的具体分布情况。

8.2.6　概念可视化展现

将抽象的指标数据转换成容易感知的数据时，用户便更容易理解图形要表达的意义。云存储空间达 1 TB 的可视化描述如图 8 - 3 所示。可以看出，用户可以动态地选择照片的大小，之后计算和显示出 1 TB 能容纳多少张对应大小的图片。这样一来，用户便有了清晰的概念，知道这 1 TB 量级的容量了。

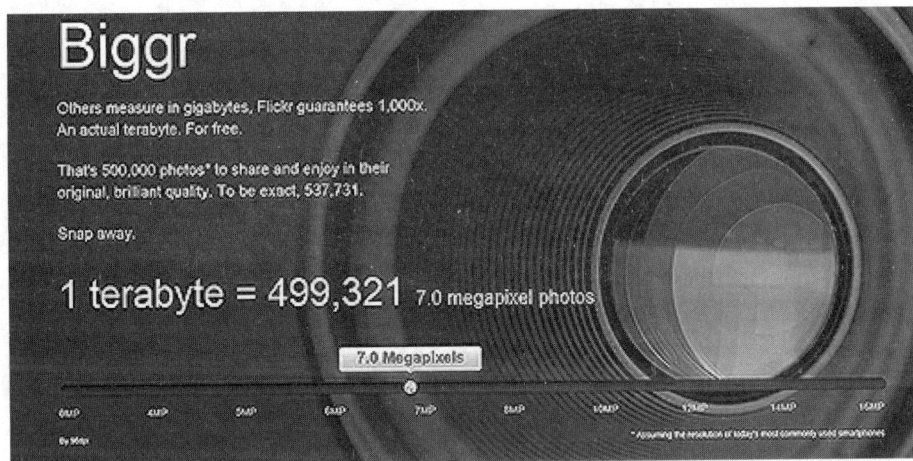

图 8 - 3　云存储空间达 1 TB 的可视化描述

8.2.7　气泡图可视化展现

气泡图是散点图的一种变体，通过每个点的面积大小来反映第三维。图 8 - 4 所示的是气泡图。因为用户不善于判断面积大小，所以气泡图只适用于不要求精确辨识第三维的场合。如果为气泡加上不同颜色（或文字标签），气泡图就可用来表达四维数据。

8.2.8　注重交叉点数据的可视化展现

当两条不同的线出现了交叉点时，相交的问题就产生了。由此我们需要注重交叉点数据

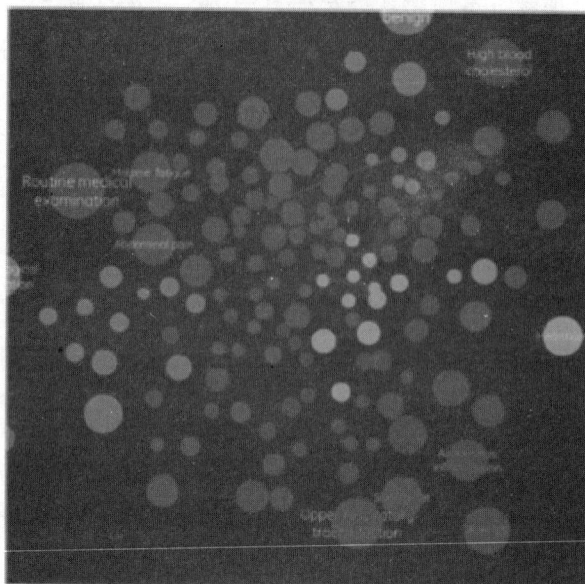

图 8-4　气泡图

的可视化展现。

8.2.9　描绘出异常值

如果想知道异常值背后隐藏的原因和原理，需要进行数据研究。将这些有关某方面的数据可视化为分散点图，其可能不存在异常值，但是将它们根据区域分解成盒图或经过一些变换，就可以发现它们是分离的点。

8.3　大数据可视化

大数据可视化与科学可视化及信息可视化密切相关，从应用大数据技术获取信息和知识的角度出发，信息可视化技术突显了重要作用。我们根据信息的特征可以将信息可视化分为一维信息可视化、二维信息可视化、三维信息可视化、多维信息可视化、层次信息可视化、网络信息可视化、时序信息可视化。随着大数据的迅速发展，互联网、社交网络、地理信息系统、企业商业智能、社会公共服务等应用领域催生了特征鲜明的信息类型，主要包括文本、网络（图）、时空数据及多维数据等。

8.3.1　文本可视化

现存的大数据有 80% 以上是非结构化数据，文本数据是典型的非结构化数据类型，是互联网中最主要的数据类型，也是物联网各种传感器采集后生成的主要数据类型，而且我们在日常中接触最多的电子文档也是以文本形式存在的。文本可视化可以将文本中蕴含的语义特征直观地展示出来，这些语义特征主要有词频与重要度、逻辑结构、主题聚类、动态演化规律等。

1. 标签云

如图 8 - 5 所示，标签云是典型的文本可视化技术之一。其将关键词根据词频或其他规则进行排序，按照一定规律进行布局排列，用大小、颜色、字体等图形属性对关键词进行可视化。在互联网应用中，用字体大小代表该关键词重要性的方式多用于快速识别网络媒体的主题热度。当关键词数量规模不断增大时，如果不设置阈值，将出现布局密集和重叠覆盖问题，此时需要提供交互接口，允许用户对关键词进行操作。

图 8 - 5　标签云

2. 语义结构可视化

文本中蕴含着逻辑层次结构与叙述模式，为了对语义结构进行可视化，文本语义结构的可视化方法分为两种，一种是将文本的语义结构以"树"的形式进行可视化，同时展现了相似度统计、修辞结构以及相应的文本内容。另一种是将文本的结构以放射状层次圆环的形式展示文本结构。基于主题的文本聚类是文本数挖掘的颇受重视的研究课题，为了可视化展示文本聚类效果，通常将一维的文本信息投射到二维空间中，更有利于对聚类中的主系予以展示。

3. 文本聚类可视化展示

文本聚类作为一种无指导的文本自动组织方法，是专题知识库中各类资源有序化组织的重要手段。文本聚类可视化展示如图 8 - 6 所示。在图 8 - 6 中，将平面上的点聚类为三类。

4. 基于时间的文本可视化展示

因为文本的形成与变化过程与时间属性密切相关，所以将与时间相关的模式与规律动态变化的文本进行可视化展示是文本可视化的重要内容之一。我们在基于时间的文本可视化展示中引入了时间轴，例如，河流从左至右的流淌代表时间序列，将文本中的主题按照不同颜

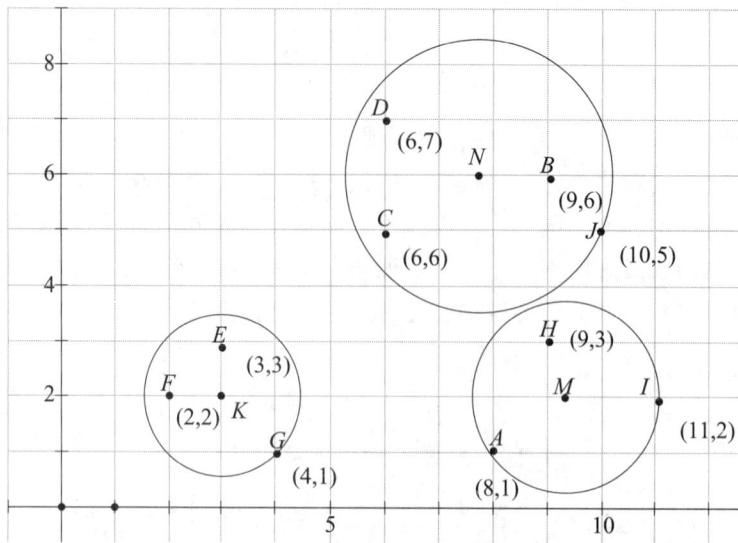

图 8－6　文本聚类可视化展示

色的色带表示，主题的频度以色带的宽窄表示。社会媒体舆情分析是大数据分析的典型应用之一，在对文本本身语义特征进行展示的同时，通常需要结合文本的空间、时间属性形成综合的可视化界面。

8.3.2　网络（图）可视化

网络关联是大数据中最常使用的关系，如互联网与社交网络。层次结构数据也属于网络信息的一种特殊情况，基于网络节点和连接的拓扑关系，直观地展示网络中潜在的模式关系，如节点或边聚集性是网络（图）可视化的主要内容之一。对于具有大量节点和边的复杂网络，如何完成在有限的屏幕空间中进行可视化将是一个困难的工作，除了对静态的网络拓扑关系进行可视化，大数据网络也具有动态演化性，因此，如何对动态网络的特征进行可视化也是极其重要的内容。

1. 层次特征的图可视化

具有层次特征的图可视化的技术是基于节点和边的可视化，如 H 状树、圆锥树、气球图、放射图、三维放射图、双曲树等可视化。

2. 基于空间填充树的可视化

对于具有层次特征的图，空间填充法也是常采用的可视化方法，如树图技术及其改进技术。

3. 大型网络中的问题与解

在大规模网络中，随着大量节点和边的数目不断增多，当规模达到百万以上时，可视化界面中将出现节点和边大量聚集、重叠和覆盖的情况，使得分析者难以辨识可视化效果。为此我们提出了下述的解决方法。

（1）边的聚集处理。基于边捆绑的方法可使得复杂网络可视化效果更为清晰，图 8 - 7 展示了基于边捆绑的大规模密集图可视化技术，此外还出现了基于骨架图的可视化技术，主要方法是根据边的分布规律计算出骨架，然后基于骨架对边进行捆绑。

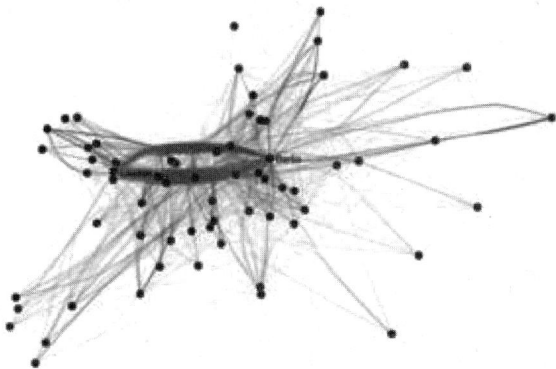

图 8 - 7　基于边捆绑的大规模密集图可视化技术

（2）层次聚类与多尺度交互。层次聚类与多尺度交互是将大规模图转化为层次化树结构，并通过多尺度交互对不同层次的图进行可视化。

4. 复杂网络与可视化深度融合

动态网络可视化的关键是如何将时间属性与图进行融合，基本的方法是引入时间轴。例如，StoryFlow 是一个对复杂故事中角色网络的发展进行可视化的工具，该工具能够将各角色之间的复杂关系随时间的变化，以基于时间线的节点聚类的形式展示出来，但是其所涉及的网络规模较小。总而言之，在大数据背景下对各类大规模复杂网络，如社会网络和互联网等演化规律的探究，将推动复杂网络的研究方法与可视化领域进一步深度融合。

8.3.3　时空数据可视化

时空数据是带有地理位置与时间标签的数据，传感器与移动终端的迅速普及，使得时空数据成为大数据中典型的数据类型。时空数据可视化与地理制图学相结合，重点对时间与空间维度以及与之相关的信息对象属性建立可视化表征，对与时间和空间密切相关的模式及规律进行展示。为了反映信息对象随时间进展与空间位置所发生的行为变化，通常通过信息对象的属性可视化来展现时空数据的高维性与实时性。

1. 流式地图

流式地图是将时间事件流与地图相融合的方法。

2. 时空立方体可视化

为了突破二维平面的局限性，还有一种方法称为时空立方体，其以三维方式将时间、空间及事件直观展现出来。

8.3.4　多维数据可视化

多维数据指的是具有多个维度属性的数据变量广泛应用于企业信息系统以及商业智能系统中。例如，多维数据分析的目标是探索多维数据项的分布规律和模式，并揭示不同维度属性之间的隐含关系。多维可视化的基本方法主要包括基于几何图形、基于图标、基于像素、基于层次结构和基于图结构的混合方法。

1. 散点图

散点图是常用的多维可视化方法，二维散点图将多个维度中的两个维度属性值集合映射至两条轴上，在二维轴确定的平面内通过图形标记的不同视觉元素来反映其他维度属性值。例如，二维散点图可通过不同形状、颜色、尺寸等来代表连续或离散的属性值。如果二维散点图展示的维度有限，也可以将其扩展到三维空间。散点图适合对有限数目的较为重要的维度进行可视化，不适于对所有维度同时进行可视化展示的需求。

2. 投影

投影也能够同时展示多维数据的可视化，如图 8-8 所示，其将各维度属性集合通过投影函数映射到一个方块形图形标记中，并根据维度之间的关联度对各个小方块进行布局。基于投影的多维可视化方法能够反映维度属性值的分布规律，也可直观展示多维度之间的语义关系。

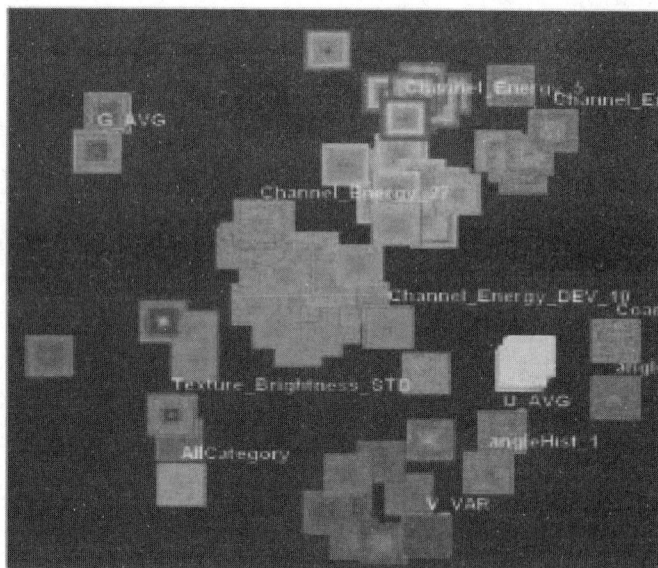

图 8-8　基于投影的多维数据的可视化展示

3. 平行坐标

平行坐标是应用最为广泛的一种多维可视化技术，如图 8-9 所示，其将维度与坐标轴建立映射，在多个平行轴之间以直线或曲线映射表示多维信息。

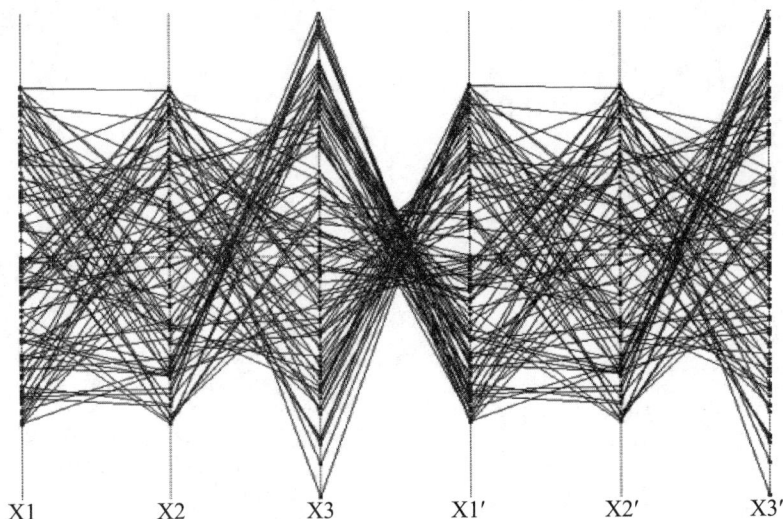

图 8 - 9　平行坐标多维可视化技术

8.3.5　基于 ECharts. js 可视化方法

在下面这个例子中使用的图形库是一款基于 HTML5 的图形库，图形的创建也比较简单，直接引用 JavaScript。使用这个库的原因主要有三点，第一点是因为这个库是百度的项目，而且一直有更新，这里用的是 EChart 3；第二点是这个库的项目文档较为详细，每个点的说明都比较清楚，而且是中文的表述，理解起来比较容易；第三点是这个库支持的图形很丰富，并且可以直接切换图形，使用起来很方便。ECharts. js 的使用方法如下。

（1）引用 js 文件：

```
<script type ="text/javascript" src ="js/echarts.js" ></script>
```

js 文件有几个版本，可以根据实际需要引用需要的版本。

（2）图表容器设置：

```
<div id ="chartmain" style ="width:600px;height:400px;" ></div>
```

（3）设置参数，初始化图表：

```
<script type ="text/javascript" >
    //指定图表的配置和数据
    var option ={
        title:{
            text:'ECharts 数据统计'
        },
```

```
            tooltip:{},
            legend:{
                data:['用户来源']
            },
            xAxis:{
                data:["Android","iOS","PC","Ohter"]
            },
            yAxis:{
            },
            series:[{
                name:'访问量',
                type:'line',
                data:[500,200,360,100]
            }]
        };
        //初始化 echarts 实例
        var myChart = echarts.init(document.getElementById('chartmain'));
        //使用制定的配置项和数据显示图表
        myChart.setOption(option);
    </script>
```

这样一个基于折线图的统计图完成，如图 8 - 10 所示。

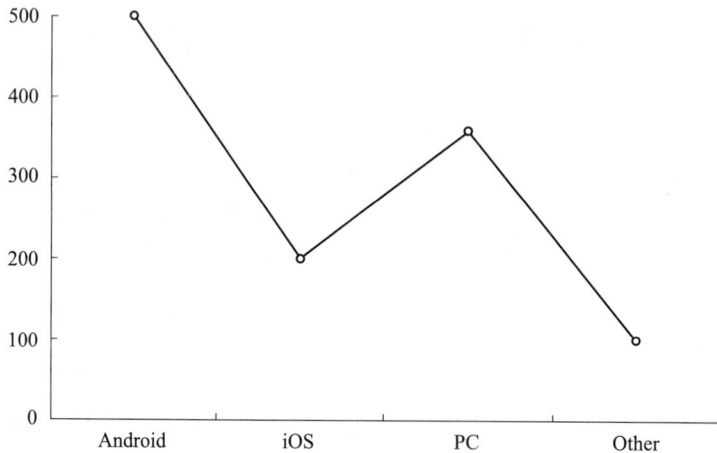

图 8 - 10　基于折线图的统计图

如果想以柱状图展示其实也很简单，只要修改一个参数，将"series"中的"type"修改为"bar",基于柱状图的统计图如图 8 - 11 所示。

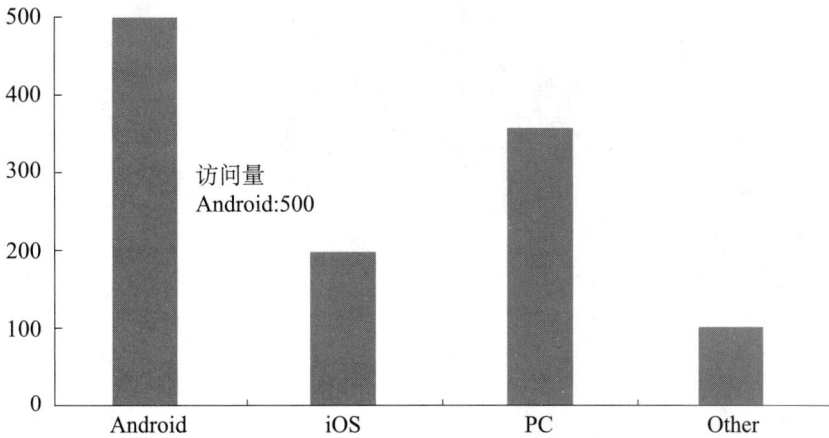

图 8 - 11 基于柱状图的统计图

饼图、折线图和柱状图的区别主要是在参数和数据绑定上。饼图没有 X 轴和 Y 轴的坐标,数据绑定上采用了 value 和 name 对应的形式。利用饼图表示的 Android、iOS、PC 和 Other 的访问量统计如图 8 - 12 所示。

```
var option = {
    title:{统计
        text:'ECharts 数据统计'
    },
    series:[{
        name:'访问量',
        type:'pie',
        radius:'60%',
        data:[
            {value:500,name:'Android'},
            {value:200,name:'iOS'},
            {value:360,name:'PC'},
            {value:100,name:'Ohter'}
        ]
    }]
};
```

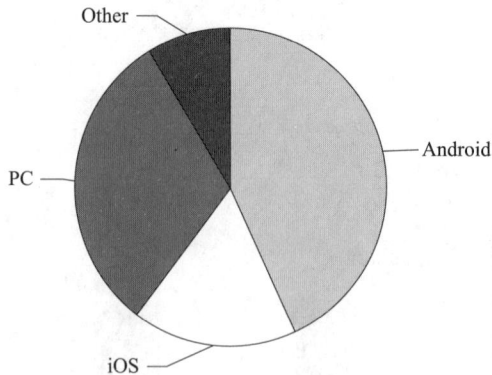

图 8-12　利用饼图表示的 Android、iOS、PC 和 Other 的访问量统计

8.4　大数据可视分析

可视分析是一个新的学科方向，在大数据分析中得到越来越多的应用。

（1）可视分析通过交互可视界面来进行分析、推理和决策，可视分析与各个领域的数据形态、大小及其应用密切相关。

（2）可视分析的过程是"数据→知识→数据"往复闭循环过程，中间经过可视化技术和自动化分析模型的互动与协作，达到从数据中获取知识的目的。

（3）可视分析关注人类感知与用户交互。由于大数据改变了人类的工作与生活方式，大数据可视分析技术应运而生。

（4）大数据分析的方法研究可以从两个维度展开，一个维度是从计算机的角度出发，强调计算机的计算能力和人工智能，以及各种高性能处理算法、智能搜索与挖掘算法等。另一个维度是从人作为分析主体和需求主体的角度出发，强调基于人机交互的认知规律的分析方法，将人所具备的、机器并不擅长的认知能力融入分析过程中。

（5）可视分析的目标与大数据分析的需求相一致。可视分析是面向大规模、动态、模糊或者不一致的数据集的分析。可视分析集中在互联网、社会网络、城市交通、商业智能、气象变化、安全、经济与金融等领域，大数据可视分析是指在大数据自动分析挖掘的同时，利用支持信息可视化的用户界面以及支持分析过程的人机交互方式与技术，有效融合计算机的计算能力和人的认知能力，以获得有重要价值的信息。

人类从外界获得的信息约有 80% 以上来自视觉系统，当大数据以直观的可视化图形方式展示给分析者时，分析者可以洞悉数据背后隐藏的信息并转化知识。如图 8-13 所示是互联网星际图，其聚集了全世界的几十万个网站数据，并将几百万个网站通过关系链联系起来，星球的大小根据其网站流量来决定，而星球之间的距离远近则根据链接出现的频率、强度和用户跳转时创建的链接来决定。在视觉上识别出的图形特征（如异点、相似的图形标）

比通过机器计算出的更快速，充分表现了大数据可视分析是大数据分析的重要手段和工具。如果结合人机交互的理论和技术，可以全面地支持大数据可视分析的人机交互过程。

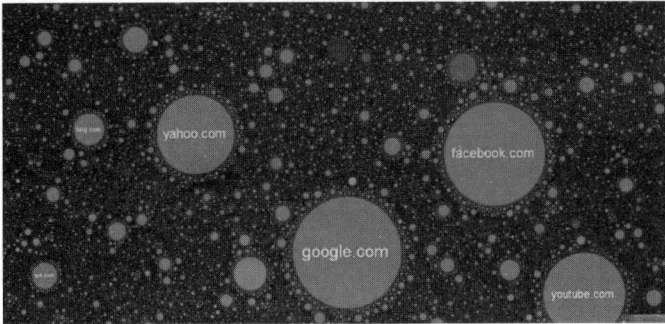

图 8 - 13　互联网星际图

8.4.1　可视分析的理论基础

可视分析是一种交互式的图形用户界面模型。人机交互的发展一方面强调智能化的用户界面，将计算机系统称为智能机器人，另一方面强调充分利用计算机系统和人的各自优势，协同合作，取长补短地分析和解决问题，如多通道用户界面及自然交互技术、可触摸用户界面及手势交互技术、智能自适应用户界面及情境感知交互技术等。可视分析的运行机制如图 8 - 14 所示。

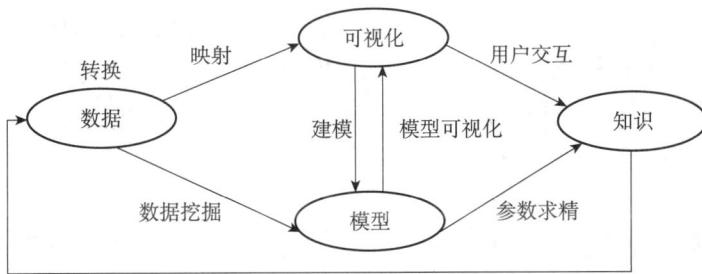

图 8 - 14　可视分析的运行机制

可视分析侧重于基于交互式用户界面进行的推理，其主要包含分析推理、视觉呈现和交互、数据表示和转换，以及支持产生、表达和传播分析结果的技术等内容。可视分析技术通过交互可视界面来进行分析、推理和决策，从大量的、动态的、不确定和冲突的数据中整合信息，可供人们检验已有预测，探索未知信息，获取对复杂情境更深入的理解，进而提供快速、可检验、易理解的评估和有效交流的手段。

数据可视分析主要应用于大数据关联分析，由于所涉及的信息比较分散，数据结构不统一，通常以人工分析为主，加上分析过程的非结构性和不确定性，所以不容易形成固定的分析模式，并且很难将数据调入应用系统中进行分析挖掘。借助功能强大的可视化数据分析平台，可辅助人工操作将数据进行关联分析，并且做出完整的分析图表。这些分析图表也可另存为其他格式，供相关人员调阅。图表中包含所有事件的相关信息，完整展示数据分析的过程和数据链。下面介绍几种在可视分析中较常用的理论模型。

1. 分析过程的认知理论模型

分析过程的认知理论模型主要包括意义建构理论模型、人机交互分析过程的用户认知模型和分布式认知理论。

（1）意义建构理论模型。数据分析的过程是从数据集中获取信息与知识的过程，意义建构理论认为信息是由认知主体在特定时空情境下主观建构所产生的意义，知识也是认知主体的主观产物，信息意义的建构过程是人的内部认知与外部环境交互行为共同作用的结果。因此，信息不是被动观察的产物，而是需要人的主观交互行动，知识也是人在交互过程中通过不断建构、修正、扩展现存的知识结构而获得，并且与认知发展理论相一致。也就是说，其经过图示、同化、顺应和平衡的建构过程，可以将从环境中获取的信息纳入并整合到已有的认知结构，并且改变原有的认知结构或者创造新的认知结构，进而达到动态的平衡。

在数据分析过程中搜索和获取信息的行为本质上是一种意义建构行为。信息觅食理论认为，信息环境中分布着很多的信息碎片，数据分析者或信息搜索者根据信息线索在信息碎片之间移动，将根据所处的时空情境，结合特定的分析任务来制订相应的信息觅食计划。基于这种认知理论，我们建立了信息可视化和分析过程中的意义建构理论模型，分析者可根据分析任务需求进行信息觅食，可视化界面中借助各种交互操作来搜索信息，即对可视化界面进行概览、缩放、过滤、查看细节和检索等。在信息觅食的基础上，分析者开始搜索并分析潜在的规律和模式，通过记录、聚类、分类、关联、计算平均值、设置假设、寻找证据等方法抽象提取出信息中含有的模式，然后分析者利用发现的模式开始分析解决问题的过程，可通过对可视化界面进行操纵来设定假设、读取事实、分析对比、观察变化等，在对问题进行分析推理过程中创造新知识，并且形成一定的决策与进一步的行动，再结合任务需求开始新一轮的循环。

（2）人机交互分析过程的用户认知模型。根据认知发展理论，人在分析过程中最擅长的是在感受到外界刺激时能够瞬间将新感知到的信息装入到已有的知识结构中，对于感知到的与现有知识结构不一致的信息也能够迅速找到相似的知识结构予以标记或创造一个新的知识结构。而计算机在分析推理过程中最擅长的是远超过人的工作记忆和强大的计算能力以及信息处理能力，并且不带有任何主观认知偏向性。我们可以根据人和计算机各自的优势，对分析推理过程中各自的角色进行建模，提出了人机交互可视分析的用户认知模型。该模型以信息/知识发现活动为核心，主要进行下述关键活动。

①由用户发起，计算机予以响应并形成交互分析行为的基于实例或者设定模式来进行搜索的过程。

②新知识的建立过程由分析者通过在新旧知识结构之间建立语义链接发起，例如，在可视化界面中，分析者可以通过标注等交互操作建立显示链接，分析者对新建的知识链接进行

更新，并通过语法语义分析更新知识库。

③假设条件的生成与分析验证，分析者和计算机可以作为假设条件的产生者，然后根据假设分析所得的证据列表，由计算机自动生成假设与证据矩阵，分析者据此得出结论。

④描述了计算机辅助知识发现的自动化处理，例如，对分析各种交互输入的存储和响应，以及根据分析者的需求执行模式识别等自动分析算法，将相关的或具有潜在价值的信息显示出来，分析者对显示的内容进行选择或者摒弃。

上述各个认知活动均与信息/知识发现息息相关，该模型描述了人机交互分析过程中的主要认知活动，并且给出了分析者和计算机在认知活动中各自的任务范畴。

（3）分布式认知理论。分布式认知理论将认知的领域从个体内部扩展到个体与环境交互所涉及的时间和空间元素，强调环境中的外部表征对于认知活动的重要性，而不仅局限于传统所关注的个体内部表征。当环境中存在符合用户心理映像的外部表征时，那么用户可以直接从中提取信息和知识，不需要经过推理等涉及内部表征的思维过程。所以在交互中主动建立有效的外部表征，就可以显著提高认知的效率，信息可视化也是将信息和知识进行外部化的一种手段。

分布式认知可为信息可视化提供新的理论框架。同时，分布式认知理论对分析过程中的实用型行为和认识型行为进行区分。实用型行为是指明确的、有意识的、有目标导向的行为，而认识型行为指的是信息的外部表征与人的内部心理模型的协调与适应过程。这一区别对可视分析中人机交互过程中多层次的任务模型构建具有重要的指导意义。例如，可视分析中用于表达高层次的用户意图的任务具有认识型行为的特征，而各种具体的分析任务如过滤和聚类等则具有实用型行为的特征。

2. 信息可视化理论模型

信息可视化理论模型如图 8 - 15 所示。

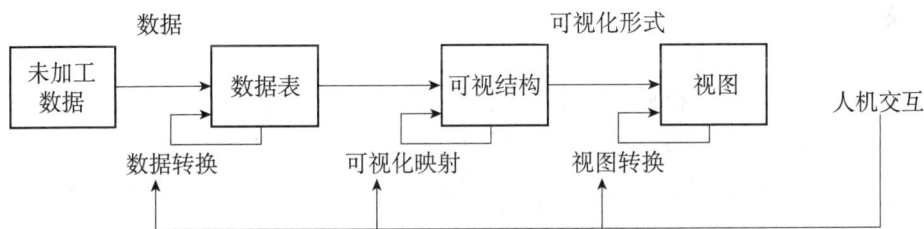

图 8 - 15　信息可视化理论模型

（1）信息可视化过程。信息可视化是从原始数据到可视化形式再到人的感知认知系统的一系列可调节的转换过程。

①数据转换是将原始数据转换为数据表形式。

②可视化映射是将数据表映射为可视结构，由空间基、标记以及标记的图形属性等可视化表征组成。

③视图转换是根据位置、比例、大小等参数将可视化结构设置显示在输出设备上。

用户根据任务需要，通过交互操作来控制上述三种变换或映射，该模型中的关键变换是可视化映射，从基于数学关系的数据表映射为能够被人视觉感知的图形属性结构。通常数据本身并不能自动映射到几何物理空间，因此需要人为创造可视化表征来代表数据的含义，并且根据建立的可视化结构特点设置交互行为来支持任务的完成，可视化结构在空间基中通过标记以及图形属性对数据进行编码。

（2）可视化映射须满足的基本条件具体如下。

①真实地表示并保持了数据的原貌，并且只有数据表中的数据才能映射至可视化结构。

②可视化映射形成的可视化表征或隐喻是易于被用户感知和理解的，同时又能够充分地表达数据中的相似性、趋势性、差别性等特征，即具有丰富的表达能力。

在信息可视化发展过程中，如何创造新型且有效的可视化表征一直是追求的目标和难点，是信息可视化领域的关键所在。此外，信息可视化也可以理解为编码和解码两个映射过程：编码是将数据映射为可视化图形的视觉元素，如形状、位置、颜色、文字、符号等；解码则是对视觉元素的解析，包括感知和认知两部分。一个好的可视化编码需要同时具备两个特征，即效率和准确性。效率指的是能够瞬间感知到大量信息，准确性则指的是解码所获得的原始真实信息。

3. 人机交互与用户界面理论模型

（1）任务建模理论。仅靠一幅静态的可视化图像不能够有力支持数据分析的动态过程，用户需要根据需求与可视化界面中的图形元素进行交互式分析来实现目标，支撑整个交互式分析过程的是一系列特定任务的集合。例如，通过设置约束条件来实现动态过滤，对数据可视分析过程中各种任务建模，定义了可视分析的目标集合。因此，任务建模理论是支持并辅助用户认知过程、指导可视分析系统的用户界面设计与实现的重要理论依据。

基于任务定义和分类的可视分析如下所述。

①从较高层次的用户目标出发，以用户意图为关注点。

②从较低层次的用户活动出发，以用户行为为关注点。

③从系统的层次出发，以软件操作为关注点。

④对多层次任务进行整合，建立多层任务模型。

可以看出，任务模型具有多层次性和多粒度性，并且与数据分析任务需求密切相关。因此，面向大数据分析的不同领域应用，应当建立具有多层次、多粒度特征的领域相关的任务模型集合。

（2）交互模型。交互模型用于描述人机交互协作完成任务目标、在交互过程中各自的角色与关系、承担的任务以及相互之间的消息反馈与影响。交互模型需要对分布在用户端与系统端的交互元素进行分类和定义，并且交互模型建立在领域任务建模的基础之上，根据不同的任务目标，对人、机各自的交互元素如何互动协作完成任务的过程进行建模。因此，交互模型描述了任务模型的实现方式和方法，为大数据可视分析系统的交互设计与实现提供了重要的理论支持。例如，用户在用户端定义了高层目标，如探索、分析、浏览、吸收、分类、评价、理解、比较等，同时定义了相应的低层次任务，如检索、滤、排序、计算、求极值、关联、识别范围、聚类、查看分布、寻找异常点等；在系统端则从高层和低层两个层次定义了交互式可视化界面的表征元素和交互元素。高层的元素主要定义了表征和交互的内容，而低层的元素定义了表征和交互的具体技术。交互模型对人、机在可视分析中各自的交互元素给出了较为细化的分类和定义，但没有对面向任务的交互模型给出具体的定义。交互模型的设计通常与任务模型密切相关，因此，在建模过程中需要与任务建立相关联。

（3）用户界面模型。用户界面是用户与计算机系统之间交互的接口，依托于硬件显示设备的软件系统以及配套的交互技术。用户界面模型定义了界面中的各种组成元素以及对于交互事件的响应方式，用户界面可看作任务模型与交互模型的最终实现，用户界面建立模型是指导系统设计与实现的基础。可视分析是一种支持数据分析的交互式可视化用户界面，这种界面组成元素主要包括各种可视化表征，如用于表征网络可视化的节点和边、用于支持分析过程的元素、用于记录假设和证据推理过程的图形表征，此外还包括用于操纵可视化表征变换的图形控件，如动态过滤条。一个完备的用户界面模型主要从用户、任务、领域、表征、对话 5 个方面抽象了用户界面的组成元素。首先将用户界面基本组成元素划分为抽象和具体两个范畴，然后定义以上 5 种界面元素的映射关系，将用户界面模型表达为一个基于映射的数学模型。

该用户模型可以作为可视分析应用系统的设计模板，结合模型驱动的方法自动生成交互式信息可视化系统。用户界面模型是从系统的角度出发，对最终用户面对的可视分析系统的界面形态及功能进行描述，通常为领域应用的构建提供重要的可参照模型。

8.4.2 大数据可视分析技术

分析结果的解释是大数据技术中的最后一步，当结果解释不能够满足用户要求，需要修改参数、重新抽取数据、改变分析与挖掘算法等，所以大数据分析结果的解释过程就是一个可视分析的闭环过程。

1. 原位交互分析技术

在进行可视分析时，我们将在内存中的数据尽可能多地进行分析称为原位交互分析。

对于超过 PB 级以上的数据，先将数据存储于硬盘，然后读取进行分析的后处理方式已不适合。与此相反，可视分析则在数据仍在内存中时做尽可能多的分析。这种方式能极大地减少输入/输出（I/O）的开销，并且可实现数据使用与硬盘读取比例的最大化。应用原位交互分析容易出现下述问题。

（1）使得人机交互减少，进而容易造成整体工作流的中断。

（2）硬件执行单元不能高效地共享处理器，导致整体工作流的中断。

2. 数据存储技术

大数据是云计算的延伸，云服务及其应用的出现影响了大数据存储。流行的 Hadoop 架构已经支持在公有云端存储 EB 量级数据的应用，而许多互联网公司如 Facebook、谷歌、

eBay 和雅虎等都已经开发出了基于 Hadoop 的 EB 量级的超大规模数据应用。一个基于云端的解决方案可能满足不了 EB 量级数处理，一个主要的问题是每千兆字节的云存储成本仍然显著高于私有集群中的硬盘存储成本，另一个问题是基于云的数据库的访问延时和输出始终受限于云端通信网络的带宽，不是所有的云系统都支持分布式数据库的 ACID 标准。对于 Hadoop 软件的应用，这些需求必须在应用软件层实现。

3. 可视分析算法

传统的可视分析算法设计缺乏可扩展性，计算过于复杂，仅能输出一些简明的结果，并且大部分算法都附设了后处理模型的假设，认为所有数据都在内存或本地硬盘中可被直接访问。对于大数据的可视化算法，不仅要考虑数据大小，而且要考虑视觉感知的高效算法，这就需要引入创新的视觉表现方法和用户交互手段，更重要的是用户的偏好和习惯必须与自动学习算法有机结合起来，这样可视化的输出才能具有高度适应性。为了减少数据分析与探索的成本及降低难度，可视分析算法应具有巨大的控制参数搜索空间，而自动算法可以组织数据并且减少搜索空间。

4. 数据移动、传输和网络架构

随着计算成本的下降，数据移动成本已经成为可视分析中付出代价最高的部分。由于数据源常常分布在不同的地理位置，并且数据规模巨大，高效地实现可视分析是大规模模拟系统的基石。由于可视分析计算将运行在更大的系统上，所以需要更加有效的算法，开发更加高效的软件，能够有效地利用网络资源，并且能提供更加方便通用的接口，使得可视分析有助于高效地进行数据挖掘工作。

5. 不确定性的量化

如何量化不确定性已经成为许多科学与工程领域的重要问题。了解数据中不确定性的来源对于决策和风险分析十分重要。随着数据规模增大，处理整个数据集也受到了极大的限制。许多数据分析任务中引入数据亚采样来应对实时性的要求，由此也带来了更大的不确定性。不确定性的量化及可视化对未来的可视分析工具而言极为重要，必须发展可应对不完整数据的分析方法，许多现有算法必须重视设计，进而考虑数据的分布情况。一些新兴的可视化技术会提供一个不确定性的直观视图，来帮助用户了解风险，从而帮助用户选择正确的参数，减少产生误导性结果的可能。从这个方面来看，不确定性的量化与可视化将成为绝大多数可视分析任务的核心部分。

6. 并行计算

并行计算可以有效地减少可视计算所用的时间，从而实现数据分析的实时交互。未来的计算体系结构将在一个处理器上置入更多的核，每个核所占有的内存也将减少，在系统内移动数据的代价也会提高。大规模并行化甚至可能出现在桌面 PC 或者笔记本电脑平台上，并行计算的普及就在不远的将来。为了发掘并行计算的潜力，许多可视分析算法需要重新设计。在单个核心内存容量的限制之下，不仅需要有更大规模的并行，也需要设计新的数据模型，即需要设计出既考虑数据大小又考虑视觉感知的高效算法，需要引入创新的视觉表现方法和用户交互手段。更重要的是，用户的偏好和习惯必须要与自动学习算法有机结合起来，这样可视化的输出才具有高度适应性。当可视化算法拥有巨大的控制参数搜索空间时，自动算法可以组织数据并且减少搜索空间，这对于减少数据分析与探索的成本和降低难度起着关键的作用。

7. 面向领域与开发的库、框架以及工具

由于缺少低廉的资源库、开发框架和工具，基于高性能计算的可视分析应用的快速研发受到了严重的阻碍。这些问题在许多应用领域十分普遍，如用户界面、数据库以及可视化，而这些领域对于可视分析系统的开发都是至关重要的。在绝大部分的高性能计算平台上，即使是最基本的软件开发工具也是罕见的，这种资源的稀缺对于科学领域的用户来说十分不利。许多在桌面平台上流行的可视化和可视分析软件如果放到高性能计算平台上，不是太昂贵就是还有待开发，而为高性能计算平台开发定制软件则是个耗时耗力的做法。

8. 用户界面与交互设计

由于传统的可视分析算法的设计通常没有考虑可扩展性，所以许多算法的计算过于复杂或者不能输出易理解的结果。又由于数据规模不断地增长，以人为中心的用户界面与交互设计面临多层次性和高复杂性的困难。计算机自动处理系统对于需要人参与判断的分析过程的性能不高，现有的技术不能够充分发挥人的认知能力，而利用人机交互可以化解上述问题。为此，在大数据的可视分析中，用户界面与交互设计成了关注点，我们主要应考虑下述问题。

（1）用户驱动的数据简化。在数据量巨大的情况下，通过压缩来简化数据的传统方法已变得无效，需要让用户根据数据收集情况与分析需求方便地控制简化过程。

（2）可扩展性与多级层次。在可视分析中，解决可扩展性问题的主要方法是多层次办法，但是当数据量增大时，层级的深度与复杂性也随之增大。在继承关系复杂且深度大的层次关系中搜索最优解涉及可扩展性分析的问题。

（3）表示证据和不确定性。在一个可视分析环境中，表示证据与不确定性的量化通常得到统一，并且需要人的参与和诠释。我们需要研究如何通过可视化来清晰地表示证据和不确定性。

（4）异构数据融合。大数据通常都是高度异构的，因此，我们在分析异构数据中的对象或实体的相互关系上需要下很大功夫，目前面临的问题是如何从大数据中抽取出合适数量的语义信息，将其交互融合后进行可视分析。

（5）交互查询中的数据概要与分流。当数据规模超过了 PB 级时，对整个数据集进行分析通常不现实，也是没有必要的。数据的概要与分流使得用户能够请求满足特定特性的数据子集，而它面临的挑战是让 I/O 部件能在数据概要与分流的结果中顺利运行，从而使得用户能对超大规模数据进行交互查询。

（6）时变特征分析。一个超大规模的时变数据集通常在时间上延续很长，而在频谱上或者空间上的数据集类型较少，其主要的问题是要开发有效的可视分析技术，不仅要在计算上可行，同时也能最大限度地发掘在追踪数据动态变化特征上的人的认知能力。

（7）设计与工程开发。系统开发者缺少在高性能计算平台上的社区尺度应用程序接口和框架支持。高性能计算社区必须为高性能计算系统上的用户界面与交互的开发建立规范的设计和提供工程资源。

可视化利用了人类视觉认知的高通量特点，通过图形的形式表现信息的内在规律及其传递、表达的过程，是人们理解复杂现象、诠释复杂数据的重要手段和途径。可视化和可视分析技术也越来越广泛地被应用到科学、工程、商业和日常生活中。利用可视化与可视分析技术，通过交互可视界面的分析、推理和决策，从海量、动态、不确定甚至相互冲突的数据中整合信息，获取对复杂情境的更深层的理解，可供人们检验已有预测，探索未知信息，同时提供快速、可检验、易理解的评估和更有效的交流手段。

本章小结

人类的创造性不仅取决于人的逻辑思维，而且还取决于人类的形象思维，大数据只有通过可视化之后变得更为形象，才能激发人的形象思维与想象力。数据可视化技术具有交互性、多维性和可视性等特点。可视分析科学是指通过交互可视界面来进行分析、推理和决策的科学。可视分析与各个领域的数据形态、大小及其应用密切相关。本章介绍了大数据可视分析的原位交互分析技术、数据存储技术、可视分析算法和用户界面与交互设计，这些技术能够有效地弥补大数据分析方法的不足。大数据可视分析可将感知认知能力与计算机的分析计算能力进行有机融合，在大数据分析结果解释中，可视化与可视分析发挥着重要作用。

习　题

一、选择题

1. 在（　　）比较的可视化展现中，可以对数据集中（　　）的不同方面给出一个有力的叙述与说明。

　　A. 数据　　　　　　B. 平滑处　　　　　C. 不关心　　　　　D. 突出

2. 由大及小的数据展现方式是先给出一个（　　）整体的画面，可以引导读者具体深入到一个（　　）的点。

　　A. 一般　　　　　　B. 整体　　　　　　C. 聚焦　　　　　　D. 局部

3. 由于数据随着（　　）而变化，可以将（　　）变化可视化，然后解释导致数据变化的原因。

　　A. 环境　　　　　　B. 时间　　　　　　C. 数据　　　　　　D. 知识

二、判断题

1. 一幅图画最伟大的价值莫过于它能够使我们实际看到的内容比期望看到的内容丰富得多。（　　）

2. 通过将抽象的指标数据转换成我们熟悉的容易感知的数据时，用户便更不容易理解

图形要表达的意义。（　　）

3. 当两条不同的线出现了交叉点时，相交的问题就产生了。我们需要注重非交叉点信息的可视化展现。（　　）

实验 5　大数据可视化

1. 实验目的

通过大数据可视化的实验，学生可以掌握 ECharts. js 可视化方法，直方图、饼图和标签云可视化方法，进而为大数据分析结果展现奠定基础。

2. 实验要求

了解数据可视化技术的主要内容，理解 ECharts. js 的主要功能，并能够独立完成以下内容。

（1）构建 ECharts. js 环境。

（2）准备实验数据。

（3）柱状图。

（4）折线图。

（5）饼图。

3. 实验内容

（1）制订实验计划。

（2）选择可视化工具，并进入基于选中工具环境。

（3）准备数据。

（4）实现可视化。

4. 实验总结

通过本实验，使学生了解大数据可视化的特点和过程，掌握一种可视化工具，学习通过可视化实现柱状图、饼图、折线图的方法。

5. 思考拓展

（1）为什么需要数据可视化？

（2）常用的数据可视化工具有哪些？

（3）结合一种可视化工具，说明制作可视化饼图的过程。

参考文献

［1］陈国良．计算思维导论．北京：高等教育出版社，2012.

［2］陈明．数据密集型科研第四范式．计算机教育，2013（9）：103－106.

［3］陈明．分布计算应用模型．北京：科学出版社，2009.

［4］张鑫．Hadoop 源代码分析．北京：中国铁道出版社，2013.

［5］陈明．大数据概论．北京：科学出版社，2015.

［6］毛国君，段立娟．数据挖掘原理与算法．3 版．北京：清华大学出版社，2016.

［7］陆嘉恒．Hadoop 实战．2 版．北京：机械工业出版社，2012.

［8］黄宜华．深入理解大数据：大数据处理与编程实践．北京：机械工业出版社，2014.

［9］陈明．大数据基础与应用．北京：北京师范大学出版社，2016.

［10］李未，郎波．一种非结构化数据库的四面体数据模型．中国科学：信息科学，2010（8）：1039－1053.

［11］陈明．大数据核心技术与实用算法．北京：北京师范大学出版社，2017.